# 沖縄と本土を結んで

## 機動隊高江派遣違法愛知訴訟の記録

沖縄高江への愛知県警
機動隊派遣違法訴訟の会
編

# はじめに

この本は、２０１６年7月22日、わずか１５０名あまりが暮らす沖縄県東村高江に米軍ヘリパッド建設のために、愛知県警も含む全国６都府県から機動隊約５００人を派遣し、凄まじい暴力の下で工事を強行したことに対し、愛知県の市民が自分たちの税金を使い、機動隊を派遣し工事を強行したことは違法と地方自治法に基づく住民監査請求から始まり6年に渡り裁判を取り組んだ記録です。

２０１７年5月に行った住民監査請求は実質審理もせず却下されたため、同年7月に名古屋地裁に提訴しました。一審は、原告の訴えを退け棄却、２０２１年の名古屋高裁の判決で逆転勝訴、２０２３年3月に最高裁で上告棄却により高裁の勝訴判決が確定しました。

高裁判決では、愛知県警が公安委員会の審査も経ず県警本部長が「専決」で派遣したことは警察法60条に違反するとして違法判断をしました。また、派遣期間中に行った強制排除など住民弾圧に対しても違法性があると断じました。

この裁判では、原告・弁護団は高江の現場で機動隊によって行われた住民らへの座り込みなどの暴力的な強制排除や、検問や身体拘束などは過剰な権力行使であること、ヘリパッド建設が、高江の住民にとっては豊かな環境の下で生活する権利や平和に生きる権利を奪うことになり、住民らの座り込みは自らの平穏な生活と人権を守る非暴力の抵抗であり当然の抵抗権の行使であることなどを訴えました。そしてそれは、「琉球処分」以降、本土防衛のために捨て石にされ悲惨で過酷な沖縄戦を経て、戦後、日本の独立と引き換えにアメリカの施政権下におかれ、本土復帰後も日米安保条約や日米地位協定の下で過重な在日米軍基地負担により命や人権が蔑ろにされる中、非暴力の抵抗運動を続けた沖縄の歴史に基づいてのものであることも主張しました。裁判では、戦前の国家警察の反省から、警察の民主化を目指した公安委員会制度の形骸化が余すところなく明らかにされました。

勝訴判決で、警察権力の違法で過剰な警備に警鐘をならし高江の住民の非暴力の抵抗の権利が認められたこと、形骸化した公安委員会制度の改善に寄与したことは一条の光です。

しかし、沖縄・日本の現状はより厳しい状況になっていると言わざるを得ません。国策で工事が進む辺野古の新基地建設は沖縄の人々の訴えを政治も司法も顧みることなく強行されています。中国の脅威や台湾有事をあおり、与那国島、石垣島、宮古島など南西諸島への自衛隊のミサイル基地建設が進み、安保3文書で軍事化は一層加速しています。

原告・弁護団がこの裁判に関わった根底には「沖縄の問題ではなく、私たちの問題」という共通した意識がありました。軍事化が進む中「再び沖縄を戦場にしない」ためにも原告・弁護団が裁判をどのような想いで取り組み、何を訴えたかったのか、この本を通して一人でも多くの方に伝わればと思います。

山本みはぎ

# 目次

# 愛知で沖縄と連帯して

弁護団長　大脇雅子

## 1　事件のあらまし

沖縄県公安委員会は、2016（平成28）年7月12日、「沖縄県内における米軍基地移設工事に伴い生ずる各種警備事象への対応」を目的として、東京都、神奈川県、千葉県、愛知県、大阪府、福岡県の各公安委員会に対し援助要請をした。愛知県警察本部長は、7月13日「愛知県公安委員会事務専決規定」（昭和53年愛知公安委員会規定3号）2条に基づき派遣に同意することに決定した。12月頃まで愛知県機動隊は沖縄県警察本部長の指揮の下に、沖縄高江村のヘリパッド米軍基地移設工事に伴う資材搬入に係る警備などの業務に従事し、県からは派遣期間の給与、時間外勤務手当、超過勤務手当が支出された。

7月22日、派遣された機動隊約500名と沖縄県警の機動隊約200名は、朝5時から、県道70号線上に車一台が通行できる幅を空けて約100台の空の車両をハの字型に並べ、道路上に座り込む約200人の住民や支援者に対し、ハンドレッカーによる車両の撤去とごぼう抜きにより住民らを一定の場所に囲い込み、資材搬入の工事のトラックや作業員の通行を確保して、援助した。機動隊員らは、N1ゲート前の路側帯に駐車してあった車両の上に座り込んでいた住民らを車の上から強制的に排除し、ひもで体をポールに縛って抗議する女性のひもを引っ張って失神させた。命の危険を察知して住民らが抗議活動をやめたところ、機動隊は住民らの車両をレッカー車で撤去し、車両横の路側帯に設置してあったテントを、機動隊が取り囲んで守るなか、防衛局職員が強制的に撤去した。N1ゲートから離れた県道上では、派遣された機動隊が集会へ参加しようとする住民や支援者を検問し、留め置き、本人の同意がないのにカメラを回して動画を撮り、写真撮影し、報道陣の取材を妨害した。

ゲート前に置かれた市民の車両を撤去する機動隊（2016年7月23日）。（沖縄タイムス社提供）

## 2　監査請求へ

愛知県では、高江の米軍ヘリパッド基地移設反対運動に連帯する住民が7月30日に「高江を守れ、名古屋アクション」を立ち上げて、名古屋市の繁華街の中心で街宣を始め、その回数は週1回、１３７回に及んだ。また２０１６年9月6日には、愛知県警察本部長に対して「安倍内閣の暴走を止めよう共同行動実行委員会」「あいち沖縄会議」他20団体が連名で「派遣中止の申し入れ」を行った。その年の11月末、愛知から沖縄の高江に支援に行った山本みはぎさん（原告団事務局長）が、派遣をした他県では監査請求が起きているのに愛知はまだか、と問われて帰名。代理人になってほしいと相談の連絡があった。請求者として愛知県民９２１名の署名が集まった。すでに監査請求から訴訟にまで進んでいた東京訴訟の資料を参考にして起案、名古屋から高江の抗議活動に参加した人たちからの聞き取り、新聞記事、沖縄県議会の反対決議等を集め、監査請求書は訴訟提起を見越して詳細なものを作成、事実証明書（証拠）も79号証に及んだ。

監査請求を提起する年に、中日新聞の年頭に掲載された平和の俳句「沖縄の怒りではない　私の怒り」の心に申立人（原告・控訴人）らは共感していた。私たちの税金で派遣された地方自治体警察が沖縄で行った警備の名のもとの弾圧は、私たちが加害者になることだという意識が共有された。代理人弁護士は大脇・中谷・岩月の3名、監査請求は、2017年5月15日申立、6月27日付で「理由なし」と却下された。

## 3　訴訟へ、第一審判決敗訴

訴訟提起の期限へ10日余りを残して長谷川一裕弁護士（名古屋北法律事務所）が事務局長を引き受けてくれ、弁護団20名も集まり、原告211名が7月26日提訴にこぎつけた。

弁護団は米軍基地そのものを違法として、日米安保条約の違憲性と統治行為論を展開、海兵隊の抑止力批判、高江村民の平穏な生活侵害とやんばるの森の環境破壊、オスプレイの危険性を訴えた。現地調査を2回した。住民の抗議活動については、平和的生存権の侵害に基づく抵抗権の行使であり、沖縄の非暴力の抵抗は「表現の自由の正当な権利行使として違法性を阻却する」と主張した。原告側から被告に対し公安委員会の審議録の開示を求めたところ、2018年2月5日になって「公安委員会事務専決規定」が開示された。派遣した他の都府県への弁護士照会をして、他の都府県では公安委員会の審議又は持ち回り決議をして少なくとも公安委員会の関与があったが、愛知県のみが警察本部長の専決で派遣決定がされたこと、公安委員会へは事後報告がなされた事実が判明した。

原審判決（令和2年3月18日判決、平成29年（行ウ）第85号）は予想を超えて厳しいものであった。住民の抗議活動はすべて道路交通法違反と威力業務妨害罪として違法と認定され、派遣手続の違法性については、警察本部長の専決による派遣決定は合理的であるとして、専決規程但書の適用には違法の疑いがあるとしながらも、公安委員会への「事後の報告」と参加した公安委員の異議がなかったことを理由に「瑕疵は治癒された」と認定した。

## 4　控訴審、逆転勝訴まで

控訴審では、争点を「派遣手続きの違法性」と現地での「路側帯に設置された車両とテントの撤去」の違法性に絞った。1年5ヶ月の短期決戦に弁護団全員（実働11名）が力を集めた。

（1）「公安委員会」に関しては、警察法研究の第一人者である白藤博行専修大学教授の意見書を、「瑕疵の治癒」の反論は稲葉一将名古屋大学教授（行政法）の意見書を提出できた。証人申請は、当時の公安委員会委員長（弁護士）ひとりに絞った。

判決（名古屋高等裁判所令和3年10月7日判決、令和2年（行コ）第16号）は逆転した。高等裁判所は、「機動隊の派遣規模や長期の期間が前例を見ない」ことから「専決処分」を違法とし、沖縄高江への機動隊派遣を違法と判示した。

公安委員会の民主的統制は地方自治と警察法の魂である。自治体警察が国家警察化しつつあるいま、逆転勝訴判決は重い、と思う。

（2）私たちは、「名古屋の地で沖縄高江の現場における警察権力行使の違法性を問う」ことを重要な課題としていた。沖縄にどう向き合うべきか。裁判所に「沖縄」を遠い地の物語のように語ってはならないと戒めた。派遣された機動隊の権限の乱用を突くには、沖縄の非暴力の抵抗活動の必然性と正当性を裁判官に理解してもらうことが重要であると考えた。琉球処分以来の植民地的な構造的差別、沖縄戦の悲惨と慟哭、抵抗を謀反とみる偏見のもとで、沖縄の非暴力の抵抗が未来の子供や孫たちのために故郷を守り、「命どう宝」を心柱とした人間の尊厳を護る市民的抵抗であること、歴史的普遍性をもつことを訴えた。

裁判所は、高江の現場の攻防についてていねいな事実認定をして、「車両とテントの撤去には法的根拠が見当たらない」と判示し、加えて機動隊の検問やビデオ撮影行為にも「適法な範囲を超えた部分があった」と述べた。

## 5　裁判からの教訓

（1）沖縄基地反対闘争の世界史的意義を問う

5年有余、オール沖縄イン愛知として党派を超えて団結して闘ってきた原告団とサポーターの人たち、WBCの日本チームに優るとも劣らない結束で主張立証活動をした弁護団、息の長い非暴力闘争を継続してきた沖縄の人たちに感謝したい。まさに「連帯の力」が示されたと思う。

70年にわたる「沖縄基地反対闘争」は、世界史的にも「語り継がれるべき出来事」である。差別の撤廃や人権擁護という「社会の基層」を変えてきたのは、非暴力・不服従の抵抗であった。非暴力・不服従の抵抗は、強大な軍事力や民意を無視する政治権力に対する市民の内発的抵抗として、国際的な普遍性を持つ。非暴力・不服従の「反基地闘争」は、人間の尊厳を守る普遍的な世界の非暴力の抵抗と通底している。私たちの裁判もこれにつながっている。

（2）愛知県の地方自治を問う

地方自治体の民主的統制の役割を担う公安委員会が形骸化し、警察権力が国家警察化するなかで、高裁判決（上告棄却により確定）は原点に帰って公安委員会のあり方について警鐘を鳴らした。これは愛知県警の専決規定の運用の違法性を問うのみならず、全国における公安委員会の警察への権限委任の範囲を規定する専決規定そのもののあり方を問い、公安委員会の民主的運用がなされているのかを問い、地方自治の民主主義を問い直す課題を住民に与えた。

軍隊は敵を作り、警察はあくまで住民の生命と財産を守ることを目的とする組織として、警察権力の民主化はいまこそ軍事化する日本社会にとって重要である。

（3）警察権力の乱用を問う

Ｎ１ゲート路側帯の車輌とテントの撤去、道路規制や写真撮影など派遣された警察の「権力の行使の違法の疑いあり」と認めた判決は、コインの裏側として「沖縄の非暴力抵抗の正当性」を認めたことになる。判決は派遣された機動隊の警察権限の乱用に警鐘を鳴らすものである。

（４）平和的生存権の確立をめざして

一審段階から沖縄現地の抵抗の土台として主張してきた「平和的生存権」や「抵抗権」について判決は一言も触れられていないが、私たちの次の課題は、長い道のりを見据えて裁判所に平和的生存権の具体的権利性を認めさせることにあると思う。

# ご挨拶にかえて

原告団長　服部（具志堅）邦子

## はじめに

沖縄は日本の縮図です。

いまだ71％の米軍基地（米軍専用施設）が集中しているため、安保条約、日米地位協定のひずみが必然的に沖縄に顕著に表れています。

そのうえ、安保法制施行後、岸田政権はアメリカの戦略文書との整合性を踏まえアメリカの一部隊、アメリカの手足となるべく、さらに安全保障関連の三つの文書の体系や名称を見直し、２０２２年12月、安保3文書を閣議決定し敵の弾道ミサイルに対処するとして発射基地などをたたく「反撃能力」の保有まで明記しました。いまや馬毛島、奄美大島、宮古島、石垣島、与那国島、琉球列島の島々に中国包囲網の盾と矛の役割が担わされ、日本の自衛隊員が前線に立たされています。

島々は自衛隊基地と自衛隊員が押し寄せ、島の自治はバランスを欠き、１９４５年当時の沖縄地上戦前夜を髣髴（ほうふつ）とさせています。

沖縄は第二次世界大戦、太平洋戦争末期の１９４５年に地上戦を体験しています。

人と人が目の前で殺しあう「地上戦」で日本兵にスパイ呼ばわりされ惨殺された沖縄の人々。捕虜となって敵に情報が漏れることを恐れて島の人々を集団自決に追い込んだ軍部。艦砲射撃を潜り抜けて逃げ込んだ壕を、赤ん坊が泣くからと兵隊に口封じを命じられ壕を出るしかなかった母親。暗闇に死体の山を踏む足裏の記憶を、戦後に引きずり苦しむ老人。死体の流した血だまりを闇夜に光る水たまりと思いこみ、口の渇きに勇んで手ですくい飲みほしたのだと苦渋の顔で振り返る老人。

戦争は二度と繰り返してはなりません。

5:51
愛知県警の沖縄派遣めぐり訴訟
メ～テレ
沖縄・東村高江
提供:原告団
沖縄　高江への
愛知県警機動隊派遣
違法訴訟
愛知県警
去年 沖縄の米軍ヘリ発着場の建設工事に
警備の名目で機動隊を派遣

提訴前行進

本来なら戦後、沖縄にこそ真っ先に平和憲法が施行されなければならなかったはずです。

残念ながら日本の戦後処理の誤りは沖縄を日本から切り離したところから始まりました。

ボタンの掛け違いは一つ目を置き去りにしたことで始まったのです。

本裁判「沖縄高江への愛知県警機動隊派遣違法公金支出損害賠償請求事件」は、ボタンを一つ目から掛け直す、市民による作業が始まったのだとも言えるでしょう。

1972年のアメリカから日本への施政権返還は、むしろ米軍基地を固定化し、沖縄の自治権も人権も制限されたまま、必ずしもボタンのかけ直しにはならなかったのです。

2016年7月、全国6都府県（東京、神奈川、千葉、大阪、愛知、福岡）から500人以上の機動隊が派遣され、非暴力で座り込み抗議する市民を暴力的に排除し工事を強行しました。愛知県に先駆けて沖縄を加えた関係各県の市民がそれぞれの地域で住民監査請求を起こし、東京、福岡、沖縄、愛知で提訴するに至りました。連帯と経験の交流を行う中での愛知県での勝訴でした。

この本は沖縄と日本の、ボタンの掛け違いに気が付いた人々が、自らの怒りとして深く沖縄にコミットした記録であり、準備書面は弁護団の熱意の結晶です。

## 非暴力への共感と抵抗権

辺野古、高江の非暴力座り込みの抵抗運動に、愛知県からも入れ替わり立ち替わり大勢の人々がそれぞれに現場へ馳せ参じていました。住民監査請求の請求人に921名が名を連ねました。却下され直ちに訴訟の準備に入りました。制限された期日でありましたが、211名が原告の登録に間に合いました。

監査請求に高江での機動隊の弾圧写真や証拠資料を持ち寄り、集まったメンバーがそのまま裁判の事務局となりました。

私は長く辺野古、高江の現場に通う中で、様々に工夫された非暴力の阻止行動に感動していました。戦後、米軍に銃剣を突き付けられ土地を奪われる中で、農民が交渉の術として生み出した伊江島の非暴力の抵抗に思いを馳せていました。

2016年7月22日の高江に鉈(なた)のように振り下ろされた「国家の暴力」、今度は米軍ではなく日本政府でした。全国から集められた機動隊の紺色の制服が高江の県道70号線を埋め尽くし、住民の生活が麻痺させられ非暴力で座り込む住民を排除し、車の上に陣取った者たちに殴る蹴るの暴力を振るい引きずり降ろしていました。これは許されることなのか。日本政府の民主主義は形式だけで未成熟なままです。住民は防衛局に説明と対話を求め続けていましたが、一度も納得のいく説明はありませんでした。せめて愛知から機動隊派遣の違法性を問うことで当事者としてコミットしたい。原告みんなの強い思いでした。

選挙を含めた政治的状況において、辺野古新基地建設断念、高江ヘリパッド建設断念が実現するまで、現場の工事を遅らせるのが非暴力座り込みの目的でした。非暴力とはいえ、現場での行動には危険が伴うので組織として責任が持てるものではありませんから、参加は自由意志にゆだねられます。それゆえ、たとえどんな大きなピケを張っても、ケガ人や逮捕者が出たら即座にその日の行動は中断され、救出にあたる。それが非暴力直接行動の持続を担保するものになっていると私には思われました。

沖縄では新基地建設に反対する知事を選び、県民投票でも新基地建設NOの民意を示し、事あるごとに県民集会で声をあげてきました。それでも日本のマスコミが十分取り上げることもなく、沖縄の声はいまだ届きません。

しかし深部は動いています。本裁判は、2019年2月7日第8回口頭弁論における準備書面「平和的生存権と抵抗権」は51ページに亘っており、はじめから感動的なものです。

「平和的生存権は沖縄に身を置いてこそ考えなければならない」と単身で沖縄に移住し研究を続けた憲法学の小林武教授の提出した「平和的生存権の総合的・基底的権利性―沖縄に即した一考察」(甲61号証)が引用されています。「沖縄では、人々の平和に生きる権利は、米軍占領期と本質は変わることなく、今もなお日常的に脅かされている。すなわち、沖縄の現実は、そのこと自体でもって、平和的生存権が全面的に侵害されていることを明らかにしているといえる…」平和的生存権を論じることの前に沖縄において平和に生きる環境が日常的に脅かされている事実を土台に据えなければならないと指摘していると、準備書面は沖縄の置かれた状況を歴史的にも深く全面展開して示し、近代国際法や立憲主義憲法、戦争違法化の世界史的潮流を背景に日本国憲法9条が成立したことなど平和的生存権が人々の最高の希望であることが描かれています。

そして最後に、「沖縄に住む人々の実態とそれを強いてきた日本政府及び無関心に見過ごしてきた日本国民の責任として、高江における住民の抵抗を違法と評価することは到底、正義にかなうものとは言えない。米軍による沖縄に住む人々への人権侵害とそこに集約的に現れる米国への従属性は、米国と日本との関係を根本的に問い直すと同時に、日本と沖縄との間にある差別の問題、沖縄の人々の闘いが、平和的生存権侵害に対する闘いであること、その闘いを弾圧するために本土から日本政府によって各県の機動隊が派遣されていることの憲法的位置づけを考えれば住民の抵抗は抵抗権の行使として憲法秩序が容認するものと評価されるべきである」と主張しています。

長い引用になりましたが、現在、沖縄に移住して沖縄の闘いの過酷さを目の当りにするにつけ、この裁判が「本土」と沖縄の連帯の礎になることを願ってやみません。

## おわりに——一審敗訴から逆転勝訴へ

なんといっても、弁護団事務局長の采配。各準備書面、問題の絞り込み、豊富な学者の意見書の採用、証人尋問での論証、学ぶことの多い裁判でした。

一審でも私は裁判の展開を見ていて、ひそかに負けるわけがないと思っていました。

思いがけぬ冷ややかな判決に、報告集会でも言葉を失い呆然としていました。

弁護団長の「背筋が凍る判決」の言葉に、今の日本の閉塞的政治の病理の反映を深く感じざるを得ませんでした。

裁判経験の豊富な弁護団､原告団から怒りの声が上がり､直ちに控訴。控訴審での逆転勝訴。諦めなくてよかった！

この奇跡は裁判を応援したすべての皆様の熱意が引き寄せたものです。判決の解説はこの後の専門家にお任せして、個性豊かな弁護団と多彩な能力を持った原告団事務局の皆様に深く感謝し、ご挨拶に替えたいと思います。

ありがとうございました。

# 第1部

# 沖縄の痛みではない　わたしたちの痛み

# 沖縄のたたかいに涙しながら――私のたたかい

吉田光利（弁護士）

## 裁判への参加

２０１８年11月、名古屋北法律事務所の長谷川一裕弁護士から電話がかかってきた。「沖縄高江ヘリパッド建設工事を阻止するため住民が反対運動をした。その反対運動を排除するため東京や福岡、我が愛知県から機動隊が派遣された。その派遣が要件をみたさず違法であるので、機動隊派遣のために支出したお金を返せという裁判をしている。訴訟提起をしてしばらく経っているが、是非、一緒にやってみないか」ということだった。沖縄高江のヘリパッド建設が問題になっていることは、テレビや新聞などでおぼろげながら知っていたが裁判までやっていることは知らなかった。社会的意義のあるものだし、お世話になっている長谷川先生からのお誘いなので、二つ返事でＯＫをした。

## 本件の概要

１９９６年12月年、沖縄県国頭郡東村（くにがみぐんひがしそん）をはじめとする沖縄県北部にまたがる米軍北部訓練場の一部や普天間飛行場などの日本への返還を定めたＳＡＣＯ合意が締結された。ＳＡＣＯ合意では、日本に返還される場所にあったヘリパッドを、返還されずそのまま米軍基地として使用される場所に移設することが盛り込まれた。

その移設されるヘリパッド（通称オスプレイパッド）は、東村高江の集落を取り囲むように建設されることに決まった。

住民らは、オスプレイが昼夜を問わず飛び回ることになれば、墜落、騒音、低周波、自然破壊など、各種被害が頻発するおそれがあったことから、オスプレイパッドの移設を阻止し、生活や自然を守るため、座り込みなどの反対運動を始めた。

これに対し、愛知県警の機動隊が反対派住民の排除のため、２０１６年7月から12月にかけて東村高江に派遣され、それが違法な公金支出だとして、愛知県民２００余名が、訴えを起こしたのが本件です。

## 第一審、高江視察

私が参加したのは第一審の中盤、はじめに担当したのは小山初子さんの意見陳述。今回の裁判では、法律上のことだけではなく、期日ごとに原告に沖縄の戦争の歴史などについて話してもらっている。裁判官になぜこのような裁判を提起したのか、沖縄の実情を知ってもらうためだ。担当した小山初子さんは伊江島の出身。故郷を追いやられた島の歴史、家族の歴史について話してもらった。自分が知らないことばかりで、期日で小山さん自身が話をしている様子を見て涙が出てきた。こんなにひどいことがあるものかと。

２０１９年3月、現地の様子をこの目で見るために沖縄に行った。辺野古新基地建設反対の座り込みに参加し、太平洋戦争後のアメリカによる沖縄統治下において、沖縄人民党を組織し、アメリカによる統治に対する抵抗運動を行った瀬長亀次郎の戦いを後世に伝えるために設立された不屈館にいった。

高江では安次嶺（あしみね）現達さん宅に行った。ヘリパッドのそばに家があり日常的にヘリパッドの騒音などの被害を受けている人だ。その日はヘリが飛ばず、被害の実態についてはわからなかった。高江にあるブロッコリーハウスに泊まり、「ヘリパッドいらない」住民の会を作り、安次嶺さんと同じく戦っている伊佐さん夫婦をはじめ現地の人を交え、高江の現状を聞きつつ、みんなで美味しいものを食べ、美味しいお酒を飲んだ。早起きして見た朝焼けのやんばるの森の景色は今でも忘れられない。

裁判ではオスプレイの危険性、沖縄の戦いの歴史も主張した。本件の主な争点は、愛知県公安委員会の承認を経ず、愛知県警察本部長の「専決」により派遣を行ったことの是非だが、その背景にある虐げられた沖縄の歴史、現地の実情を知ることは欠かせないからだ。

尋問では現地から安次嶺さんや伊佐さんにも来てもらい、現在進行形の被害を訴えた。裁判官も熱心に耳を傾けているように見えた。裁判官は裁判全般において真摯な対応だったので、判決は期待できるように思えた。

こうして迎えた判決。結果は敗訴だった。敗訴の理由は派遣にあたって事前に公安委員会の承認を受けていない点で瑕疵（違法）があったものの、事後的に報告がなされその場で特に疑義が出なかったことから瑕疵が治癒されたというものだった。警察と公安委員会のなれ合いについて訴えていたつもりだったが裁判官には届かなかったようだ。

## 控訴審

控訴審の主眼の一つは、愛知県公安委員会の形骸化の異常性を訴えることに注力することになった。そのために行政法の分野に詳しい名古屋大学の稲葉教授、専修大学の白藤教授の意見書を作成してもらい提出した。控訴審では派遣当時の公安委員長であった弁護士の尋問を行うことになった。一審段階で採用されなかった尋問を裁判所があえて採用して実施するということは芽があるように感じた。

私が弁護士の尋問を担当することになった。大先輩の弁護士だし、この裁判のハイライトなのでとても緊張した。入念に準備を行い、尋問に臨んだ。

はじめは被告である愛知県側の代理人からの尋問が行われた。適正に職務をこなしていたというこれまでの主張をなぞるような内容だった。続けて反対尋問を行った。主眼は派遣についてどのような手続きをする必要があると認識していたか、実際にその手続きを履践していたか。弁護士は、これまでの慣習に従って公安委員会の職務を行っており、派遣についても愛知県以外の他県が要請に応じている以上、応じないという選択肢はなく、検討はしなかったと述べた。一方、「異例又は重要と認められるものはあらかじめ公安委員会の承認を受ける必要があるという規程自体知らなかった」と正直に述べた。現実は警察が事実上公安委員会を管理しており、公安委員会が警察を管理するという公安委員会の本来の制度趣旨が形骸化していることが浮き彫りになった。

「控訴審勝訴判決」の垂れ幕を掲げる

弁護士が尋問で話した内容から逆転勝訴が期待できた。警察の暴走を食い止めるという公安委員会の役割が果たされていないこと、専決規程の要件を満たしていないということが明らかになったからだ。

迎えた控訴審判決。私は勝訴を信じ、「逆転勝訴判決」と書かれたのぼりをもって判決に臨んだ。主文「原判決を」と聞いた瞬間、法廷を飛び出した。敗訴の場合は「控訴人の請求を棄却する」となるのだが、そうではなかったことが即座にわかったからだ。外に飛び出し思わずガッツポーズをした。裁判所の前で待っていた支援者から一斉に「やったー！」という声があがった。裁判所前に出て「逆転勝訴判決」「沖縄高江への機動隊派遣は違法」と書かれた垂れ幕を思いっきり掲げた。みんなにとって待ちに待った瞬間が訪れた。

判決は違法な派遣決定、支出命令を行った当時の警察本部長に対し、地方自治法242条の2第1項4号ただし書きに基づき、機動隊員らに支払われた時間外手当相当額である110万3107円の賠償命令を行うことを愛知県知事に命じた。

判決では元公安委員会委員長の弁護士の尋問に関わる部分について要旨以下のように認定された。「今回の派遣は公安委員会が合議体として審議すべきものであるところ、それを専決で行った点に違法がある。公安委員長（当時）は本件が専決で行われたという点が違法であることを認識していなかった。同認識がなかった以上、事後報告は専決を追認したと評価することはできない」。つまり、専決で処理することが許されないものであったのに、専決をもって行われたものであって違法と判断したのである。当時の警察本部長であった桝田（ますだ）氏への賠償命令が認められた。また判決は派遣された機動隊数百名が現場で行った住民の座り込みの強制排除の違法性を厳しく批判した。2016年7月22日未明に機動隊員らが行った米軍北部訓練場ゲート前の車両、テントの強制撤去に法的根拠は見たらず違法である疑いが強く、これを目的とした沖縄県公安委員会による機動隊の派遣要求には重大な瑕疵があると断じた。高江で行われた警察権力の過剰行使と人権侵害の事実について総括した点は非常に大きなものである。大阪府の機動隊が市民に向かって「土人」と言語道断の発言したことも念頭にあったと思う。

余談だが、弁護団は、高裁判決を言い渡した倉田慎也裁判長が近く定年による退官だとの情報を入手し、その前に判決が出されるよう、退官時期をにらんだスケジュールを組んだ。実際に倉田裁判長は判決後ほどなくして退官した。

## 上告審

愛知県は最高裁へ上告した。上告審は控訴審判決が憲法に違反しているか、これまでの判例に違反しているかといった点が審判の対象であり、事実関係ではなく法律的な問題が審査される。被告らの提出した理由書は、警察の威信にかけて二審判決を覆そうとする強い姿勢が感じられるものであり、社会的に注目を集める事件であるため、こちらも力を集中して反論書面を作成した。

最高裁は、特別な事情があったり、原審判決を覆すような場合でない限り、期日や判決を指定せず、上告を棄却するという文書を送ってくるだけである。それも突然に。

控訴審判決が出された２０２1年10月７日から約1年半経った２０２３年３月22日、上告を棄却、上告不受理という文書が送られてきた。つまり、私たちの勝利が確定したのだ。

訴訟提起をした２０１7年7月26日から約5年半、ようやく私たちの思いが結実した。

## 終わりに

司法が、公安委員会制度の民主的意義を正しく評価し、警察本部長の派遣決定の手続的違法を認めたことは、積極的意義を持ちうるものである。沖縄県民の不屈の非暴力抵抗のたたかいに愛知からエールを送り届けることができたことはとても喜ばしいことである。

今後も、沖縄の人々と連帯し、日本国憲法の平和主義、民主主義と基本的人権を守り抜く新しいたたかいに踏み出していきたい。

# 市民の共闘でつかみ取った希望の光

長谷川一裕（弁護団事務局長）

## はじめに

最高裁判所第二小法廷は、２０２３年3月22日、愛知県知事の上告棄却及び上告受理申立の不受理決定を行い、二審判決（名古屋高等裁判所民事第一部２０２０年10月7日言い渡し。倉田慎也裁判長）が確定しました。

二審判決は、愛知県警察本部長が２０１６年に沖縄県高江に機動隊を派遣したのは違法であるとして当時の愛知県警察本部長に対し機動隊員らの時間外手当相当額の賠償命令を行うことを愛知県に命じましたが、判決理由において全国6都府県から派遣された機動隊が高江で行った警察活動の違法性を厳しく指弾する画期的な内容をもつものでした。

その後愛知県は確定判決に基づいた措置を取りました。愛知県は、判決確定後、派遣決定を行った警察本部長に対し金１１０万３１０７円の支払いを請求し、令和5年4月18日、元本部長はこれを支払いました。また、愛知県公安委員会は、確定判決の指摘を受け、愛知県公安委員会事務専決規程の一部改正を行い、警察法60条に基づく警察職員の派遣要求及び同意は警察本部長の専決処分の対象から除外しました。

以下、裁判では何が問われたのか、確定判決はどのような意義を有するものか、このたたかいが上記のような成果を収めた要因は何かといった点について述べます。

## 沖縄高江北部訓練場へリパッド建設工事と高江における座り込みのたたかい

### １　ＳＡＣＯ合意と北部訓練場の一部返還並びにヘリパッド建設

米軍北部訓練場は、沖縄本島北部（大宜味村、国頭村、東村）の山林約７５００ヘクタールという広大な地域にまたがる米海兵隊の訓練基地です。訓練場は、「ジャングル戦闘訓練センター」とも言われ、ヘリの離発着や低空飛行訓練、ゲリラ戦を想定した演習等が日夜行われています。訓練場は、「やんばるの森」という豊かな亜熱帯照葉樹林にあります。豊潤な自然が残され、ヤンバルクイナ等の希少な動植物が生息する国立公園であり、２０２１年７月には世界自然遺産の登録が決まりました。

１９９５年の米兵による少女暴行事件後、沖縄県民の怒りと普天間基地撤去の世論が広がる中、日米両国政府は、１９９６年のＳＡＣＯ合意において沖縄の基地負担軽減のためにと称して普天間飛行場の移設を打ち出しますが、それと同時に合意されたのが北部訓練場の一部返還です。移設に伴い、訓練場の返還部分にあるヘリパッド７ヶ所（着陸帯）を継続使用部分に移設することとなりました（のちに６ヶ所に変更）。

訓練場の面積の過半を返還して沖縄県の基地負担を軽減するというのが政府の触れ込みですが、その実態は、使用価値が乏しかった部分を返還するのと引き換えに、老朽化したヘリパッドに替えて海兵隊が導入する垂直離着陸可能な最新鋭の高速輸送機オスプレイの離発着が可能な着陸帯を新設して機能を強化することをめざすものでした。

### ２　高江住民らの座り込みのたたかい

東村（ひがしそん）高江の住民は、ヘリパッド建設は訓練によるヘリ墜落の危険性と騒音によって住民の生活を脅かし、やんばるの自然を破壊するものであるとしてこれに反対する意思を固め、高江区反対決議を採択し、２００７年から工事が開始されると工事現場ゲート前での座り込みを始めました。座り込みで工事が進まないことに苛立つ沖縄防衛局は、２００８年11月地元住民らが立ち上げた「ヘリパッドいらない住民の会」の共同代表２名を含む住民ら15名を相手に通行妨害禁止の仮処分と民事訴訟を提起して、反対運動の抑え込みをはかります（スラップ訴訟。訴訟では１名を除いて請求棄却。２０１４年最高裁で確定）。しかし、地元住民の座り込みは不屈に続けられました。また、オスプレイ配備については、２０１２年９月に開催された「ＭＶ-22オスプレイの配備に反対する沖縄県民大会」には約10万人が参加し、10月には県議会が「県内へのオスプレイ配備に対する抗議決議」を採択し、翌２０１３年には県内全市町村の首長とともにオスプレイ配備に反対する建白書を政府に提出するなど、沖縄県内の反対世論が高揚しました。

こうした地元住民の反対運動と沖縄の世論の中で、ヘリパッド建設工事は遅れ、２００９年の完成予定が大幅にずれ込み、２０１６年春の時点でも４ヶ所が手つかずのままでした。

### 3　6都府県からの機動隊派遣による座り込みの強制排除と工事再開の強行

２０１６年、沖縄防衛局は、警察力によって座り込みを強制排除して工事を再開することを決断。警察庁の主導のもと、７月12日　沖縄県公安委員会は、千葉・東京・神奈川・愛知・大阪・福岡の６都府県の各公安委員会に警察法60条１項に基づく派遣要請を行い、各都道府県警察はこれに同意して現地に機動隊を派遣しました。７月21日、建設工事現場のＮ１ゲート前で行われた集会には約１６００名が参加して機動隊派遣に抗議し、沖縄県議会は「全国から警察官を大量動員してヘリパッド移設工事を進めようとする姿勢に対し厳重抗議する決議」を採択しました。

７月22日、全国から派遣された機動隊員数百名（警察は派遣人数の開示を拒否しているため推定）と沖縄警察の機動隊ら約２００名が、Ｎ１ゲート前に座り込む住民らに襲いかかり、参加者を「ごぼう抜き」と称する方法で現場から排除し、宣伝カーの上から引きずり下ろし、強制的に移動させた参加者を「監禁」した上で、たたかいのシンボルとなっていたテントと車両の撤去を強行しました（テント撤去は、機動隊に守られた沖縄防衛局職員らが実施）。

７月23日以降も、地元住民と反対派は、様々な抵抗を行いますが、頑強な機動隊員らの警備のもとでヘリパッド建設工事が進められ、12月21日までにヘリパッド建設工事は完了し、米国に引き渡されました。

## 沖縄高江機動隊違法愛知住民訴訟のたたかい

愛知県公安委員会は、他の５都府県警察とともに沖縄県公安委員会からの派遣要請を受け、２０１６年７月から12月の期間、機動隊を派遣しました（愛知から派遣された機動隊の正確な人数は不明ですが、70名程度と推定）。これに対し、「県民の収めた税金を使って機動隊を派遣し沖縄の新基地建設反対運動を弾圧したことは許せない」と考えた愛知県民がたたかいを開始します。住民らは、17年５月、地方自治法に基づく監査請求を行い、これが却下されたため、同年７月26日、２１１名の原告が住民訴訟を提起しました（原告数は、提訴当時のもの。その後、転居や死亡により最高裁決定時点では１９０名）。

原告らの請求は、沖縄高江において機動隊が行った活動は、警察の不偏不党、政治的中立を定め国民の基本的人権の侵害を禁じた警察法２条２項に真っ向から違反するものとして違法であるから派遣期間中の機動隊員らの人件費（機動隊員らの給与、時間外手当、特殊勤務手当）の支出は違法であると主張し、派遣決定当時の警察本部長に対して当該給与支給額相当額である金１億３３６３万９１５２円の賠償命令を行うことを愛知県に求めるものでした。

### １　ヘリパッド移設工事と機動隊派遣の違法性を縦横に論じる

一審では、原告らは、①北部訓練場へリパッド建設とこれを拠点にしたオスプレイ訓練は高江住民らの生命と安全を脅かし、住民らの人格権、環境権、平和的生存権等の基本的人権を侵害する、②同工事は日米安保条約、日米地位協定に基づくものであるところ、安保条約並びに地位協定は日本国憲法9条に違反し違憲、違法であるから、本件ヘリパッド建設工事は憲法違反である、②住民らの座り込みは、自らの生命と生活、人権を守るためのやむを得ざる非暴力の抵抗であり、日本国憲法が保障する表現の自由の行使であると同時に、抵抗権の行使であり、目的と手段において正当な自救行為である、③本件派遣決定がなされた7月当時、現場高江では平穏な抗議行動が行われていたものであり、6都府県から大量の機動隊を派遣して排除すべき必要性はなかった、④本件機動隊派遣は、座り込む住民らの暴力的排除、違法な身体拘束や事実上の監禁、テントや車両の強制撤去、違法検問と事実上の道路封鎖等、警察法に違反する違法な活動を現場で行うことを予定してなされたものであり、過剰な権力行使であり派遣は違法である等ということを縦横に論じて裁判を進めました。

## 2　愛知県警察本部長の専決処分の違法性を徹底追及

一審の審理を進める中で、原告らは、派遣要請を受けた都府県警察の中で唯一愛知県公安委員会だけが公安委員会の審査を経ないで愛知県警察本部長が独断で派遣を決定した事実を「発見」しました（専決処分）。愛知県公安委員会の事務専決規程は、警察法60条に基づく派遣要求または派遣決定は、原則的に警察本部長が専決するものと定め、例外的に「異例または重要と認められるもの」についてのみ公安委員会の事前承認が必要と定めていましたが、県警本部長は、この「異例または重要と認められるもの」にも該当しないと判断しました。弁護団の調査の結果、他の5都府県の公安委員会は全て公安委員会が審査、意思決定していました。各公安委員会の事務専決規程を取り寄せて調査したところ、警察法60条に基づく派遣については、原則的に専決を認めず（東京）、あるいは「緊急かつやむをえない場合」等に限定（千葉）、「大規模災害または緊急の場合」に限定（神奈川）、「7日未満または10人未満の派遣に限定」（大阪）、「災害派遣、10人以内かつ14日以内」に限定（福岡）して専決が許容されているにすぎず、派遣決定は原則として警察本部長の専決に委ねるような杜撰な処理を行っていたのは愛知だけであることが明確となりました。

弁護団は、この点を審理の中で徹底追及していくことにしました。公安委員会制度は、戦後民主化の一環として行われた警察改革によって導入されました。警察法は、戦前の国家警察が政治権力の道具となり、国民の人権を弾圧した経験を反省して、国家警察を解体して自治体警察・都道府県警察に改めるとともに、警察の政治的中立性の担保のため住民を代表する公安委員会が警察を監視し管理することによって、警察の民主化を図ろうとしたものです。実力部隊である警察機動隊を本来の管轄区域外に派遣する等ということについてまで公安委員会が関与しないで警察本部長が独断でできるのであれば、いったい公安委員会は何のためにあるのか。裁判は、公安委員会の形骸化を暴露し、警察の民主化を求めるたたかいとしての性格をもあわせて有するようになっていきました。

２０２０年3月18日に言い渡された一審判決は、高江住民らの座り込み行為の中には道交法違反等の犯罪行為が含まれていた等と認定し、原告らの請求を棄却する不当判決でしたが、判決理由中、愛知県警本部長が専決で決定したことには瑕疵がある（違法）と判断される余地があるとの判断が示されました（ただし、判決は、後日の公安委員会に警備課長が事後報告を行ったことにより「瑕疵は治癒された」ものと判断）。原告らは直ちに控訴し、舞台は名古屋高等裁判所に移りました。

控訴審では、控訴人ら（原告ら）は、高江住民らの工事ゲート前の座り込みは、選挙や訴訟で新基地に反対し騒音を撒き散らす米軍用機の飛行差し止めを求めても全く認められない等、政治や司法の場でいくら訴えても退けられる県民がやむにやまれず行った抵抗手段であり、「命どぅ宝（ぬちどぅたから）」、非暴力抵抗の精神に立脚して行われたものであることを徹底的に明らかにしました。同時に、原告らは、専決による派遣決定の違法性について、警察法の第一人者の一人である白藤博行専修大学教授の意見書、名古屋大学の稲葉一将教授（行政法）の意見書を提出し、派遣決定当時の愛知県公安委員長であった弁護士の証人尋問を申請。6月2日に行われた同弁護士の尋問は、愛知県公安委員会が完全に形骸化し、職務権限を警察本部長に事実上丸投げしていた実態を白日のもとに晒すものとなりました。

## 高裁判決（二審判決）の意義

２０２１年10月７日の二審判決は、本件機動隊の派遣は「異例または重要」であるから愛知県警察本部長の専決は許されず、派遣決定は違法であると明快に判断しました。二審判決は、「都道府県公安委員会は、都道府県警察の民主的な管理に当たるものであるから、警察法上、援助要求に同意するかどうかは都道府県公安委員会が合議体として審議して判断すべきであるのが原則であるものと解される」と判示し、警察法の定める公安委員会制度の役割を正しく評価しました。

判決報告集会にて

公安委員会が形骸化し、警察権力の濫用を防止するチェック機関としての機能を果たすことができていないのが実態ですが、二審判決はこれに警鐘を鳴らしたものであり、警察の民主化のためのたたかいに寄与するものです。

同時に、二審判決は、２０１６年７月22日未明に機動隊員らが行ったゲート前の車両、テントの強制撤去について、法的根拠は見当たらず違法である疑いが強いと述べ、これを目的として沖縄県公安委員会が行った第１回の派遣要求には重大な瑕疵があると断じました。また、７月以降、現場で行われた警察職員による検問やビデオ撮影等の行為にも「適法な範囲を超えた部分があった」等と指摘しました。このように二審判決は、派遣された機動隊数百名が現場で行った反対派住民の座り込みの強制排除の違法性を厳しく批判しました。警察、機動隊による住民運動等の弾圧について、裁判所がここまで踏み込んで批判したケースは決して多くないと思います。今後も特に沖縄では辺野古基地建設反対運動等に対して警察権力の弾圧が試みられると思いますが、同判決の鋭い糾弾は、彼らにとって喉に刺さったトゲとなり続けるでしょう。

二審判決は、人権の砦であり、三権分立に基づき行政権力の濫用と行き過ぎをチェックするという裁判所の役割を果たそうとしたものであり、倉田慎也裁判長をはじめとする名古屋高裁の３名の裁判官に敬意を表したいと思います。

## 大きな成果を生んだたたかいからの教訓

国や自治体を相手とする行政訴訟の原告勝訴率が極めて低い中、この裁判が上記のような成果を生み出すことができた要因は何か。

第一は、法廷における原告団、弁護団が一体となった分厚い主張立証活動です。二審判決が派遣を違法とした直接の根拠は公安委員会の審査を経ないで警察本部長の専決によって行ったという手続的違法性です。しかし、もし我々の法廷闘争が手続論だけに終始していたら今回の判断は勝ち取ることができなかったでしょう。弁護団の提出した膨大な準備書面、原告らによる毎回の意見陳述は、徹底して警察の暴力的排除、制圧行動の実態、ヘリパッド移設工事が住民の平和的生存権、生命と健康、人格権を侵害するものであること、ヤンバルの森の自然環境の重要性とその破壊の深刻さ、日米安保条約と沖縄米軍基地の実態と違憲性、基地被害の実相、沖縄における基地闘争は非暴力抵抗を根本理念でするものであること等について詳細な解明を行うものでした。この中では、東京訴訟に提出された豊富な資料、証人尋問の結果等が大いに活かされたことを特筆しておきたいと思います。原告団の意見陳述はいずれも素晴らしいものでした。弁護士の論戦はどうしても理屈先行ですが、原告団の陳述は何よりも迫力がありました。米軍基地による人権侵害に対する怒りがにじみ出ていました。これが裁判官を説得する大きな力を持ったと思います。

公安委員会については、これが戦後直後の警察法の民主的改革の一環として導入された民主的意義について、国会図書館等からの取り寄せ資料も駆使し、立法過程の資料等に基づき詳細な解明を行いました。その中で、公安委員会の審査によらず専決で警察本部長が判断できる範囲は厳しく制約されていることを警察庁幹部が主張した昭和40年代の古い「警察学論集」所収論文は裁判官の判断に影響を与えたのではないかと思います。

法廷闘争は、受け身ではなく、我々の側で争点を設定し、攻勢的にたたかうことによってしか勝利の展望を切り開くことはできないことを我々は自覚していました。

第二は、毎回傍聴席を満席にして裁判所を包囲、監視し、激励をした原告団、支援団のたたかいがありました。毎回の法廷ごとに充実した報告集会が開かれ、毎回、歌までありました。支援する会のニュースも23号まで出され、非常に充実した内容でした。裁判所に対する要請署名が繰り返し取り組まれました。

第三に、私は、今回の裁判闘争がこうした成果を挙げた背景には、愛知における憲法訴訟、平和訴訟の分厚い蓄積があったと思います。私が知る80年代以降の裁判に限定しても、愛知では、湾岸戦争での戦費支出の差し止めを求めた訴訟、イラクへの自衛隊派遣が憲法9条に違反すると断じた判決を勝ち取ったイラク派兵違憲訴訟、名古屋三菱朝鮮女子勤労挺身隊訴訟等のたたかいの経験がありました。その中で鍛えられた弁護士たちが、大脇雅子団長、内河惠一副団長ら大ベテランに導かれながら、縦横無尽に論争を繰り広げました。

第四に、総じて、このたたかいには市民の共闘の力が発揮されたと思います。原告団には、実に多様な方々が集まっていました。支持政党を聞かれたら立憲民主、社民党、新社会党、共産党、れいわ新選組等多岐にわたるでしょう。学生運動を経験した世代も主力を担っていましたが、ひと昔前なら対立しあっていた人たちが、いろいろな違いを乗り越え結集し、団結の維持のために寛容と粘り強さを発揮しました。実に面白い共闘だったと思います。

このような市民の共闘ができた背景には、安倍内閣による安保法制の強行、立憲主義の破壊、憲法９条改定の目論見を許してはならないという強い危機感があったと思います。

今回の機動隊派遣は、形式的には沖縄県公安委員会の派遣要請に６都府県が応じた形ですが、その実態は警察庁主導、もっと言うと、官邸主導で行われたものであることは明らかです。先述のように、高江のヘリパッド建設工事は反対派の頑強な抵抗の中で工事が進まない。こうした中で日米両政府の当局者は、工事の早期着工に向けた意思統一を行ったに違いありません。２０１５年12月、当時の菅官房長官とケネディ駐日大使が行った共同発表がありますが、発表文に「北部訓練場の返還の緊急性を再確認した」との記載があります。

その中心にいたのは杉田和弘でしょう。杉田和弘は、昭和16年生まれの警察官僚で、警備局長、内閣情報室を経て２０１２年から２０２０年まで、安倍内閣の下で内閣官房副長官をずっと務めました。学術会議委員の任命拒否問題でも背後で動いたのはこの杉田であったと言われています。

安倍内閣の下で、様々な立憲主義の破壊や学術会議の問題にあるような法治主義の軽視が進みました。２０１６年７月に高江に機動隊を集中させ、一挙に現場を制圧した警察庁による一連の行動は、まさに官邸主導で行われた「立憲主義の破壊」「国家の暴力」であり、これに対する危機感が、こうした「野党共闘」の背景にあったと思います。

岸田内閣のもとで安保法制に基づく「戦争する国づくり」が進められ、立憲主義と平和憲法は危機にさらされていますが、立憲主義を回復するための市民の共闘を作り出し、一定の成果を上げたこのたたかいは、未来への希望の光であると思います。

# 沖縄の痛みを私自身の痛みとしてたたかった6年間

山本みはぎ（原告団事務局長）

## はじめに

２０１６年7月からの、沖縄高江のヘリパッド建設に全国6都府県から約５００名の機動隊派遣に対し、愛知県でも自分たちの税金を使って機動隊を派遣し弾圧に加担するのは許せないという切実な思いを持った県民が行動をはじめた。

住民監査請求から棄却、裁判提訴、名古屋地裁での敗訴、名古屋高裁で一部勝訴の逆転判決、最高裁の上告棄却で高裁判決が確定した。

沖縄がたどった苦難の歴史と今も続く基地の過重な負担の中で、命が軽んじられ人権が侵害され平和に生きる権利が奪われている沖縄の現状を少しでも変えたいと取り組んだ6年間の闘いだった。この6年を振り返り、この裁判の意義を改めて確認したい。

## 住民監査請求から提訴まで

２０１６年7月22日のN1ゲート前の攻防から2ヶ月後、9月になって初めて愛知県警へ「機動隊派遣中止」の申し入れを行い、同月、愛知県議会の警察委員会に対して陳情書を提出、翌10月には県議会警察委員会で口頭意見陳述をするなど活動を始めた。同月、高江の現状を伝えるために記録映画「高江―森が泣いている」の上映運動を市内各地で行った。

その年の11月に沖縄に行った際に北上田毅さんから、愛知でもぜひ住民監査請求を取り組むようにと強い働きかけがあり、仲間と相談し大脇雅子弁護士に懇願して引き受けていただいた。12月22日に請求人の募集を開始し、翌年1月には北上田さんをお招きして「やっぱりダメ！愛知県警の高江派遣　高江・辺野古の現状を聞き住民監査請求を拡げましょう！」の学習会を開催した。監査請求の請求人は９２１名が集まり、２０１７年５月15日に「高江への機動隊派遣に対しての公金支出の違法性を問う」住民監査請求を行った。しかし、残念ながら実質審理をしないまま却下された。

## 一審裁判

### １　法廷での闘い

住民監査請求却下から提訴の期限まで30日という中、新たに長谷川一裕弁護士らが弁護団に加わり、提訴期限の１週間前に監査請求人に原告募集を行い、原告２１１人で７月26日に名古屋地裁に提訴した。

名古屋地裁では、２０１７年10月25日の第１回口頭弁論から２０２０年３月18日の判決まで12回の口頭弁論があり、10人の原告意見陳述を行った。第１回は原告代表の沖縄名護市出身の具志堅邦子さん、第２回と３回は７月22日の高江の現場にいた丸山悦子さん、松本八重子さん、第４回は大瀧義博さん、第５回は八木かすみさん、第６回は神戸郁夫さん、第７回は憲法学者の飯島滋明さん、第８回は伊江島出身の小山初子さん、第９回は寺西昭さんとそれぞれ自らの体験から高江への機動隊派遣の違法性を訴えた。

2019年7月には2日間かけて宮城秋乃さん、高江住民の会の伊佐育子さん、安次嶺現達さん、映像作家の古賀加奈子さん、鈴木誠愛知県警察本部警備部警備課課長補佐（当時）の5人の証人尋問が行われた。証人尋問では、高江で起こった機動隊の暴力や平穏な生活が脅かされ続けている実態を明らかにした。第12回の結審弁論では山本が意見陳述を行った。

弁護団は、27の準備書面を提出。やんばるの貴重な自然がヘリパッド建設や軍事演習によって深刻な破壊が起こっていること、特に最大の攻防があった7月22日のゲート前の車両・テント撤去時の機動隊の常軌を逸する異常な弾圧についてその不当性を明らかにした。

第5回口頭弁論では、長谷川弁護士からのちに重要な争点になる愛知県警の専決処理の特殊性と違法性の準備書面が出された。さらに、日本国憲法の理念と真っ向から矛盾する日米安保条約の違憲性、沖縄の米軍に対する非暴力の抵抗の歴史、そして平和的生存権と抵抗権から高江の闘いの正当性を主張する準備書面が出された。

## 2　裁判を深め運動を広げる、裁判前学習会と沖縄現地調査

訴状学習会から始まって、毎回口頭弁論前に「裁判前学習会」として一審では計15回を企画した。奥間政則さん、宮城秋乃さん、沖縄タイムス記者で『国家の暴力』の著者の阿部岳さんの講演会や、各口頭弁論の後には弁護士を講師に、裁判に出された準備書面を詳しく学習する企画を立てた。

2018年2月には、大脇弁護団長はじめ弁護団、事務局メンバー他11名で、高江・辺野古へ行き、住民の会の方や琉球大学の徳田教授（行政法）や小林武教授の平和的生存権の勉強会、高江・辺野古現地の視察と阻止行動への参加、沖縄タイムスの阿部記者との懇談など有意義な時間を持った。2019年3月には第2回目の沖縄現地訪問を弁護団・事務局メンバーで行った。「現場を知る」、つまり現場の人の話を直接に聞くのは、より深く沖縄の闘いを理解する上で欠かせない作業であった。

### 3　2020年3月18日判決　敗訴

一審の判決は、原告・弁護団の主張をことごとく退けた無残なものであった。大規模な抗議行動が行われることが想定されたとして派遣の必要性を認め、ゲート前の車両やテント撤去、検問についても必要がなかったとは言えないとして、機動隊による暴力を追認する不当なものだった。また、公安委員会の決定を経ないまま県警本部長が「専決」で派遣決定したことについても、「事後的に承認が得られたことで、その瑕疵は治癒された」とし、戦前の反省から不偏不党、政治的中立を確保するために、市民代表による公安委員会が警察を管理するという警察法の基本原則を蹂躙した内容だった。大脇弁護団長は「背筋が凍る判決」と形容した。

高裁判決報告集会（2021年10月7日）

## 控訴審へ

### 1　法廷での闘い

原告・弁護団はただちに控訴した。控訴人は193名。口頭弁論を前に、長谷川弁護団事務局長から改めて地裁判決の批判と控訴審でのポイントを聞く学習会を開催した。長谷川弁護士は、「一審で認めなかったが、高江の座り込みは『非暴力の闘い』であり、平和的生存権を守るための抵抗権の発露であった。県警本部長が専決で派遣したことは公安委員会の形骸化であり自治体警察のあり方を厳しく問わなければならない」という指摘があった。

新型コロナ禍が広がる中、裁判の傍聴者を制限されたり、学習会を中止（延期）せざるをえなかったりしたが、名古屋高裁での口頭弁論は5回行った。原告陳述は、第1回は、秋山富美夫さん、第2回は再び具志堅邦子原告代表が改めて高江の闘いが沖縄の非暴力抵抗の闘いであったと陳述した。第3回の近田美保子さんは陳述するにあたり高江を知らなければとわざわざ高江に行って準備して陳述した。

第4回は証人尋問で、派遣当時の公安委員長であった弁護士が証人として出廷。その証言で、派遣決定後の公安委員会の事後報告がいかにずさんであるかが浮き彫りにされ、「瑕疵（かし）が治癒された」とはとても言えないことが明らかになった。

第5回は結審で、原告の新城正男さんが元国会議員の喜屋武真栄氏の「小指の痛みは、全身の痛み」を引用し、沖縄の問題は日本の問題であると強調した。

最終準備書面で大脇雅子弁護団長は、一審判決に対する反論、沖縄の非暴力抵抗の歴史と世界の非暴力運動、沖縄戦の実相など全面展開し、最後に裁判所に対し「暗闇を照らす司法判断を期待してやまない」と締めくくった。

## 2　学習会・学者意見書など

高江の闘いが非暴力抵抗運動であったことを訴えるため、現地に泊まり込んで座り込み闘争の中心を担った山城博治さんが大脇雅子弁護士と打ち合わせを重ね意見書を提出した。また、県警本部長の専決の問題を批判する意見書を、専修大学の白藤博行教授、名古屋大学大学院法学研究科の稲葉一将教授が書いてくださった。

## 3　高裁勝訴判決

2021年10月7日、高裁判決では一審の屈辱の判決を覆し、愛知県警察本部長が「専決」で派遣を決定したことは違法と原告勝訴の判決だった。また、ゲート前の車両・テント撤去について「法的根拠が見当たらず違法である疑いが強い」としたが、派遣要求自体は違法ではなかったという内容であった。

国家警察化する警察に対し、民主的な統制を担う公安委員会の空洞化を裁判所が厳しく批判したこと、高江での住民らの抵抗に対しての凄まじい「国家の暴力」に警察権力の乱用があったと警鐘を鳴らす画期的な判決だった。この判決に対し、沖縄タイムスの阿部岳記者は、「5年後に沖縄に法の光が差した」と書いた。

## 最高裁での取り組み

判決後、県に対し上告を断念するよう求める署名活動をはじめ、１９５９筆の署名を知事宛に届けた。また、名古屋学院大学の飯島滋明教授も学者や弁護士に同趣旨の賛同を募ってくださり、73名の賛同者を得て要望書を提出した。残念ながら、県は上告した。この間も、最高裁での争点は何かという学習会の開催、高江で行われた座り込み15周年集会への参加とその報告会、裁判を闘う東京・沖縄の皆さんとつながり「6周年だよ全員集合　高江への機動隊派遣は違法」集会の企画などに取り組んだ。

また、最高裁宛に「愛知県の上告を棄却するよう求める署名」を集め、東京・沖縄の仲間たちと2度のわたる最高裁への要請行動も行った。そして、２０２３年3月27日、最高裁から上告棄却・上告不受理決定通知が届き、高裁の判決が確定した。

6年間の取り組みを振り返ってみたが、この他にも高木ひろし県議会議員の議会での取り組み、遠く静岡から毎回傍聴に駆けつけてくださった皆さん、機動隊を派遣した6都府県の住民が沖縄現地と同じ目的で繋がったことの意義も大きい。そして何よりも「沖縄の痛みではない　私の痛み」として、沖縄の非暴力の抵抗の歴史を深く理解しようと裁判闘争に全力で取り組んだ原告・サポーター、弁護団の努力の賜物だ。

高裁判決は一部勝訴である。そのことを肝に銘じていきたい。いま、中国脅威を口実に沖縄、南西諸島々への自衛隊ミサイル基地建設・配備が進んでいる。沖縄を踏みにじり続けている本土の住民としてここで闘いの手を緩めるわけにはいかない。裁判の中で繋がった連帯の火種を絶やさず、民主主義と平和が実現するよう努力していきましょう。

# されど、なお沖縄の闘いは続く！

内河惠一（弁護士）

沖縄における憲法9条を守る闘いは、「日本の平和」を守る闘いの象徴である。沖縄基地反対のために闘う沖縄県民等を排除するために、愛知県警機動隊を派遣するという行為に対して、平和を求める愛知県民が「ＮＯ」を突きつけるのは必然であった。都道府県警察の民主的な管理を国民から託された愛知県公安委員会が、果たして、本件問題（平和、沖縄、沖縄県民の闘いの意味等）を真面目に議論し結論を出したかが厳しく問われなければならなかった。

私が「裁判前学習会」でお話をする機会を持ったのは、２０１９年11月1日であり、「首里城炎上」の翌日であった。複雑な思いで沖縄の歴史を語ったことを今でも鮮明に記憶している。琉球が日本に取り込まれた経緯は不条理そのものであった。しかも、朝鮮半島を植民地支配したと全く同様に「沖縄文化の抑圧」、「琉球言語の抹殺」、朝鮮半島における創氏改名を思わせる「改姓運動」も活発に行われた。その上「沖縄戦の悲劇」が重なり、現在の「状況」である。

本件裁判は、倉田慎也裁判長を中心とする名古屋高裁民事1部の裁判官らの沖縄に対する正しい認識と理解の上に立ち、愛知県公安委員会が警察の民主的管理という観点から、本件を「異例または重要」と認識すべきなのにこれを看過し合議体で審議しなかったことに加えて、手続的違法であることにも思いつきもしなかったから「追認」もあり得ないとして原審地方裁判所の棄却判決を逆転させ、住民らに勝利をもたらし、これが最高裁においても支持されたものであった。名古屋高裁民事第１部の裁判官らの「沖縄問題」を正しく洞察した必然の結果であった。社会問題の本質を正しく洞察する裁判官の必ずしも多くないときだけに、この判決の価値は極めて大きかった。されど、なお沖縄の平和のための闘いは続く!!

# この戦いに関わって

岩月浩二（弁護士）

米軍の基地建設の不条理に対して、我がこととして立ち上がった多くの方々に心から敬意を表します。

私は、中谷雄二弁護士があらゆる場面で引っ張りだこなのを見るに見かねて、何かお手伝いできないかと、比較的早い段階から、この事件に参加しました。監査請求が棄却され、訴訟になる段階で、請求人団が長谷川一裕弁護士と出会うことができたのは、とても幸運なことだったと思います。名古屋北法律事務所の組織力があって初めて成立した裁判でした。法的な決め手となった公安委員会制度の本質を掘り下げ、愛知県の専決規定の異常さを浮き彫りにした長谷川弁護士の追及は深く心に残ります。

一審の氷より冷たい判決（角谷昌毅裁判長）を倉田慎也裁判長が暖かく溶かしてくれました。集団的な市民訴訟の敗訴判決に対して、控訴する原告の割合は限られています。生活に直接関わることのない市民訴訟に対して熱意を持続することは容易なことではないからです。ほぼ全ての原告が控訴した例を私は知りません。誠実な倉田裁判官が「専決処分は違法だが、事後報告で異議がなかったから違法ではない」とする一審判決の詭弁を許すことはないとは考えていました。他方で、倉田裁判長は堅実な裁判官でもあるので、警備活動の違法性まで踏み込んだ判決を出したことは驚きでした。原告団の熱意がそうさせたのだと思います。

世界情勢は大きく動いています。米国覇権の後退は加速し、最前線の日本に米軍の新基地を造らせることの愚かさは、遠くない時期にあらわになるでしょう。皆さまの戦いの正しさと現実性が明らかにされる日は遠くないと信じます。

# 沖縄の闘いに連帯する裁判

中谷雄二（弁護士）

住民監査請求の代理人を大脇雅子先生が引き受けられたのを聞いて、代理人となりました。それ以来この事件には関わりましたが、一審の段階で、沖縄の戦後の抵抗の歴史と高江の闘いについての準備書面を書きました。一審判決でも高裁判決でも言及はされませんでしたが、高裁での勝利判決の背景には、裁判官の沖縄に対する思いがあったと思います。それに影響を与えられたのではないかと考えています。

自分自身もこの準備書面を書く中で琉球処分以来の沖縄に対する日本政府の苛酷な扱いとこれに対する沖縄の

人々の抵抗の歴史の意味を知ることができました。現在の沖縄における闘いの意義とそれを放置し続けてきている本土の人間としての責任を強く自覚することにつながりました。高裁段階では法廷に出る以外に役割を果たすことはできませんでしたが、現在進んでいる沖縄南西諸島への軍事基地化などでも、やはり沖縄が最前線とされています。日本政府の姿勢を変えるためにも本土での闘いが重要です。その意味で、本土で沖縄に負担を負わせていることに対する抵抗闘争に加われるこのような事件は貴重です。

この事件では、大脇雅子先生、内河恵一先生や岩月浩二先生に訴訟段階で長谷川一裕先生が事務局長になっていただき若手弁護士の方と一緒に大変精力的に緻密な論理で法廷闘争を繰り広げられました。現地で闘っている皆さんにも証人として証言していただき、最終的に裁判官が決断する後押しをしたと思います。多くの支援者の方に支えられ成果を上げた裁判でした。この裁判に代理人として加われたことをうれしく思います。ありがとうございました。

# 日常とたたかいの隣り合わせ

田巻紘子（弁護士）

２０１９年3月、原告団・弁護団の皆さんに連れて行っていただき、高江に行くことができました。

アキノさんに導いていただいたやんばるの森、そこで「こんなにすぐ出会えるのは珍しい」と言われたリュウキュウウラボシシジミとの出会いも感動的でしたが（ノートパソコンのデスクトップに、このとき出会ったリュウキュウウラボシシジミの写真をずっと使っています）、どうしても忘れることができないのが伊佐育子さんから聞いたお話です。たくさんお聞きしたお話の一部は、次のような内容であったと記憶しています。

「ヘリパッドが六つもできると聞いて、子どもたちにとってそれはどうなんだろうかと動き始めた。とにかく非暴力でゲート前に座りこむとの助言を受けて、生活を守るために座り込みを始めた。最初は何もないところで座り込んで日に焼けて、そのうちビーチパラソルをもらって、じゃあテントがあるといいね、お茶も飲めるようにしようかとテントができた。座り込みに来ていると家事もできないねといって洗濯物を持ち込んで干しながら座り込んだ。座り込みをしているとごはんもつくれないし、畑も雑草だらけになる。なにより、大事にしたい貴重な子育ての時間をだいぶ取られてしまった。子どもたちのために始めたことなのに」

日常とたたかいが隣り合わせ、いや、日常にたたかいが入り込んできている。入り込まざるを得ない。そんな状況を高江のみなさんに押しつけてきたこと、それをずっと知らずにきたことを深く恥じました。

この訴訟に関わる機会をいただきながら十分なことはできませんでしたが、今後もこの訴訟で教えていただいたことを忘れずに少しでもできることを続けていきたいと思います。

# 沖縄における非暴力の闘い

篠原宏二（弁護士）

訴訟では、機動隊が高江で行った様々な違法行為などを担当しました。２０１６年7月２２日における機動隊の暴力的な住民らの排除、違法なテント及び車両の撤去、違法な検問や写真撮影などにつき論述し、新聞記事などで立証しました。古賀加奈子さんが現地で撮影した映像も証拠として提出し、古賀さんの尋問も行いました。映像証拠については、裁判官に実態をわかってほしいとの考えから、機動隊員が、住民らが座り込みをして抵抗するにも関わらず、容赦なくごぼう抜きをしていくことがわかるように編集をしてもらいました。

原告団とともに2回現地での調査も行いました。Ｎ１ゲートやＮ1裏に行き、実際にどのような場所で住民らが抵抗をしていたかを確認したり、住民の生活場所へ行き、オスプレイの騒音被害のことを聞いたり、大学教授から沖縄における平和的生存権についての話を聞いたりしました。

第一審においては、機動隊が行った警察活動の違法性は認定されませんでしたが、控訴審においては、警察職員の検問や撮影等の行為についてその適法性あるいは相当性について疑問が生じると認定され、一定の成果があったと思います。また、沖縄における非暴力の闘いについての論述も担当しましたが、そのことについても強く心に残っています。平和のありがたさを知るからこそ、暴力ではなく、非暴力で抵抗をするという、沖縄における反基地闘争の特徴をより深く理解し、その考え方の大切さを感じることができました。

# これからも頑張ります

仲松大樹（弁護士）

私は、沖縄県出身の父と県外出身の母の間に生まれました。自宅には「基地問題」に関する書籍も多く、子どものころから「基地問題」に関するニュースは心に引っ掛かりを残していました。そしていつごろからか、「基地問題」に関し、フェイクニュースや沖縄・沖縄人（ウチナーンチュ）を誹謗中傷するような言説が溢れていることに苛立ちを覚えながら生活するようになりました。そのような中、弁護団への参加を許されました。

弁護団では、「基地問題」の形成過程や「地政学」に基づく言説の誤謬を起点として、抵抗運動の正当性と排除・弾圧の不当性について主張をまとめました。以前から書きたかった内容であり、機会をいただいたことについて、あらためて感謝します。

この仕事は、自分はウチナーンチュで（も）あるという認識に突き動かされてはじめたものでしたが、一方で、県外に生まれ育ち、米軍基地の存在を身近に感じることなく生活している自分こそが、「基地問題」においては「ヤマトンチュ」であり、「基地問題」の再生産を支えているのだということを確認するものにもなりました。正直なところつらいものもありましたが、ウチナーンチュがヤマトンチュと連帯して頑張り続けている原告や支援者の方々に支えられ、ここで闘いきらなければなけなければならないと思いました。

「基地問題」は、判決で直接言及されたものではありません。しかし、裁判官の良心に訴えかけ、機動隊派遣が

「その処理によって後日紛議を生ずることが予想され、かつ、社会的に反響の大きい事案に関するものであった」と考える一助になれたのではないか、またそうであってほしいと考えています。

これからも頑張ります。よろしくお願いいたします。

# 沖縄高江訴訟に参加して

冨田篤史（弁護士）

今回の執筆テーマは、各弁護士が思い描く本裁判に対する思いとのことでしたが、私はとりあえず他の先生方の議論について行くのに必死で、また、課題となった個別論点に対応するのが精一杯で、本裁判を俯瞰で見ることはできていませんでした。ですから、今思い返しても、覚えているのは自分に割り振られた部分（オスプレイに関する知識、ヘリコプター自体の知識、行政手続法違反についてなど）に関して集中的に勉強したことだけです。しかし、自分に与えられた役割をこなすという弁護団の活動は自分なりに充実してできたかなと思っています。

当初、私は初めて弁護団という集団訴訟に参加するため、岐阜県多治見市から愛知県の訴訟に参加し続けることができるか不安でした。

しかし、毎回会議を繰り返し、弁護団会議以外でも担当弁護士同士で会議を行い、皆で協力してやっていくという弁護団の活動の中では、そのようなことを考えている暇はありませんでした。とりあえず、私の今回の参加目標としてはドロップアウトしないことでしたので、最後の最後まで微力ながら関わることができてよかったなと思っています。これも、ひとえに弁護団長の大脇先生、事務局長の長谷川先生、その他の先生のおかげだと思いますし、さらに、原告の方々やサポーターの皆様の熱意がさらに大きな力になったことは間違いないと思います。

初めての弁護団活動に参加できたことだけでもありがたいのに、高裁で逆転勝訴判決まで勝ち取れて非常に充実した体験ができたと思っています。勉強になりました、ありがとうございました。

# 非暴力の闘いに感銘を受けて

森　悠（弁護士）

今回の事件を振り返るうえでいつも一番に思い出すのは、高江住民の方々が、非暴力による抵抗を一貫して続けてこられたことに強い感銘を受けたことです。高江住民の方々がこのようなスタンスを貫いてこられたことは、愛知県において文献や資料等を通じて知った情報はもとより、高江の現地を訪問し、座り込みの現場を直接見て、高江住民の方々から直接お話を伺うことにより、肌で感じることができました。

私が証人尋問を担当させていただいた伊佐育子さんは、物静かな印象を受けるものの、そのお話を伺えば、粘り強く、忍耐強く、強い信念を持って座り込みをされていたことがよくわかりました。伊佐育子さんをはじめとして、高江住民の方々と接することができたのは、弁護士としてのみならず、一個人として得がたい経験だったと思います。

一審では請求が棄却されましたが、控訴審では、弁護団において主張した理論構成が裁判所にも理解され、違法性が認められました。審理の最終段階では理論的な詰めがモノを言いましたが、高江住民の方々が非暴力による抵抗を続けてこられたということも、裁判所を動かす一つの要因になったものと受け止めています。理論面だけではなく、座り込みの実態、機動隊の活動の実態等を正しく伝えること、どれかが欠ければ結論も変わってきたと思います。

今回の事件だけを振り返れば、重要な成果を得られたことは間違いありません。ですが、高江や辺野古をはじめとする沖縄の情勢はむしろ悪化し続ける一方です。沖縄の問題が、決して他人事ではなく、日本全体の問題だという認識をもって、日本全体として考え、意思表明をしていかなければならないのだと、思いを強くしています。

## 弁護団の事務局業務に関わって

**熊谷茂樹**（弁護士法人名古屋北法律事務所　事務員）

私は今回の訴訟に、弁護団事務局長（長谷川一裕弁護士）が所属する法律事務所の職員として関わりました。

高江が直面している事態については、映画「標的の村」（三上智恵監督）を観たり、２０１４年10月に県知事選挙で翁長雄志さんを応援するツアーに参加した際に現地を案内していただいたりして、自分の中では問題意識を持っていたつもりでしたが、今回の訴訟を通じて、沖縄が日米政府から押し付けられている問題を我が事として受け止めて行動を起こしている多くの方たちと出会い、その熱意に感銘を受けることとなりました。

原告側の裁判書面は、毎回、事務局事務所（私の職場）から提出していました。原告団、弁護団がつくった書面を私が印刷し、弁護士の印鑑を押してから提出するのですが、原告の意見陳述のためとして提出した書面は全て読ませていただきました。一人ひとりの「平和的生存」にかける思いが、印象として強く残っています。また、抵抗権を論じた書面を読み、現地での直接行動、抵抗運動の権利性に確信を深めました。

私は、途中からですが法廷傍聴に参加するようになり、サポーターにもなりました。２０１９年3月の弁護団現地調査にも同行させていただきました。ブロッコリーハウスでの懇親会では調子に乗って夜遅くまで楽器を鳴らし、みなさんの睡眠を妨害するなど迷惑もかけたりしましたが、前年12月に名古屋で見たスワロッカーズのみなさんたちと再会しセッションできたことは良い思い出です。

多少でも、みなさんのたたかいの後ろにくっついて行動を共にできたことを嬉しく思うとともに、まだまだ続くたたかいに私も加わり続けたいと思います。

# 沖縄高江の裁判が生活の一部になった

保田 泉（訴訟の会事務局）

今年（２０２４年）1月、陸上自衛隊幕僚副長らが、東京の靖国神社を集団で参拝という新聞記事が目に入った。A級戦犯を参拝するということは、自衛隊は依然として、旧日本軍の戦争責任を総括していないと感じた。自分が２０１７年に裁判の原告になったことで、先の戦争責任を考えるようになった。原告になった時の意識は、沖縄県民だけに米軍の基地負担を押し付けているのはおかしい程度の意識だった。しかし名古屋地裁、高裁と、高江に機動隊を派遣したことの意味を裁判で原告・弁護団が問うことによって、自分も多くのことを学んだ気がする。

沖縄では復帰前に女性が乱暴されるのを若い県の警察官が止めに入り、米軍に射殺されている事実。喜瀬武原という地域では地元の人が実弾演習に反対して座り込んでいる場所に、米軍はお構いなしに実弾を打ち込んできたこと、米軍の飛行機は米軍の住居の上は絶対に飛ばないのに、沖縄の小中学校を含め、あらゆる場所で低空飛行を続けていること。この様なことは、沖縄では常識になっていることを自分は知りませんでした。毎年開かれる6月23日の沖縄慰霊の日では、政府は沖縄戦で亡くなった尊い命が今日の平和と繁栄を作っているといいますが、沖縄の人が進んで命を捧げたのではなく、地上戦の中で逃げる場所がなく、亡くなったことに向き合っていません。だから沖縄の人は「軍隊は住民を守らない」といいます。

裁判に関わった一人として、今後も平和に生きる権利は我々にあるのだと発信を続けたいと思います。

# 高江訴訟に勝訴して

北村ひとみ（訴訟の会事務局）

２０１７年の提訴から足掛け7年に及ぶ裁判闘争に勝利し、記録集作成にあたり僭越ながら一事務局員として一言述べさせて頂きます。

最初に、本訴訟が最高裁勝利という大変嬉しい結果に終わったことを関わっていただいた全ての皆さんと心から喜びたいと思います。

本裁判は私が人生で初めて原告になった裁判でした。おそらくはこの先原告になることはないだろうと思うと本当に貴重な経験でした。

しかし、裁判の経過が気になりつつも仕事を理由に意見陳述をすることもなく裁判の傍聴に行くことも無い駄目な原告でした。そんな私でしたが２０１８年、退職を機に訴訟の会の事務局に加わる事になりました。途中参加なので、事務局会議も弁護団会議もそれまでの経過を把握したり、裁判用語を理解したりするのが難しく付いて行くのに必死でした。裁判では、どの原告の意見陳述も目を潤ませながら聴いていました。弁護団の弁論も理路整然としていて本当に素晴らしかったです。

私は、長く助産師として働き、新しい命の誕生に立ち会う度にこの子たちの未来が平和な世界であるようにと願って来ました。本裁判の原告になったのも願うだけでなく行動しなくてはとの思いがあったからに他なりません。世界をみると平和への道程はまだまだですが裁判で学んだ事を頼りに「勝つ方法は諦めないこと」を座右の銘にして皆さんと共に頑張ります。

# 高江の裁判にかかわって ──高校生に伝えたい沖縄

堀内美法（訴訟の会事務局）

学生時代に阿波根昌鴻著の『米軍と農民』を読んだことが、私が沖縄を強く意識した最初だと思います。卒業後社会科教員になり、何度か沖縄を訪れて戦跡をめぐり、阿波根さんに会いに伊江島に出向きました。授業では継続して沖縄を取り上げ、定年退職を機に高江の訴訟の事務局に参加しました。

現在の私の気持ちがよく表れていると思い、「沖縄県知事公室基地対策課」へのお礼文から以下に抜粋（さらに省略・改変しています）します。

「昨年（２０２３年）秋、そちらのパンフレット『沖縄から伝えたい。米軍基地の話。Q&ABook』を生徒と教員分１１０部を分けてくださり、ありがとうございました。

パンフレットは私の授業で、世界史A選択者１０３人に別添の自作プリント資料とともに配布、大いに活用させていただきました。沖縄は私の授業においてとても重要なテーマで、今年度（２０２３年度）は５、６月に沖縄戦、12

月に戦後の沖縄と現在の沖縄について生徒に語りました。（中略）12月の授業で私が重点を置いたところは、①沖縄県への基地集中の経過と基地被害、②日米地位協定の内容、③政府が辺野古新基地建設を民意に反して強行していること、①②③は重大な人権侵害であり、地方自治と民主主義の破壊であること、でした。

社会科教員の看板を揚げている65歳の教員ですのに、まだまだ勉強が足りず（例えば、高江の闘いについて今ひとつ十分には教材化できていません）、沖縄県民の皆さまにはほんとうに申し訳ないです。しかし、よく理解できていないから沖縄を取り上げないというのは最もやってはいけないことだと思い、毎年更新しながら語っています。現在は非常勤講師の身ですが、沖縄の授業は最後まで取り組むつもりです。」

高校生諸君はとてもいとおしい。彼らには、尊厳のある存在として生きていける知識、考え方、視野を身につけてもらいたい。教員は頑張らないといけませんね。

# 第2部

# 非暴力抵抗と平和の文化

## ——原告意見陳述

2017年10月25日　第1回口頭弁論原告意見陳述

# 沖縄に犠牲を強いる「新基地建設」への加担はやめてください

服部（具志堅）邦子

## はじめに

沖縄は、日米地位協定によって自治権が侵害されている状況が長く続いています。この文書を書いている最中の10月11日沖縄県東村高江の牧草地、民家からわずか300mの至近距離に米海兵隊普天間基地所属のCH53E大型ヘリが墜落炎上したとのニュースが流れました。オスプレイが名護市安部（あぶ）に墜落大破した事故から1年もたっていません。同型CH53Dは2004年8月に沖縄国際大学に墜落し、回転翼の安全装置に放射性物質ストロンチウム90が使われていた可能性が指摘されています。沖縄では住民の暮らしと命が常に危険にさらされています。沖縄タイムス電子版の記事には「沖縄県警が航空危険行為処罰法違反容疑での立件を視野に情報収集を進めるが現場検証はできない。米軍機事故が民間地で発生した場合でも、公務中は米側に一次裁判権がある上、日本の捜査機関が機体を調べるには米軍の同意が必要になるなど日米地位協定が捜査の壁になる」とあります。こうした状況を含め、本土で正しく問題が共有されていれば愛知県公安委員会として不用意に愛知県警機動隊の高江派遣を承諾することなどできなかったはずです。その思いを前提に陳述いたします。

## 加害の立場に身を置くことは我慢できない

本件の発端となっている１９９５年の３人の米兵による少女暴行事件、３人の引き渡しを拒んだ日米地位協定、沖縄県民の怒りを逆手にとり「普天間基地の全面返還」を謳いながら最新鋭の基地建設を要求したＳＡＣＯ合意、私は沖縄県民と思いを共有しながら辺野古の新基地建設と高江のヘリコプター離着陸帯の建設反対を、この愛知で訴え、現場の非暴力座り込み行動にもたびたび参加しています。

ところが昨年７月の愛知県警機動隊の高江派遣を知り、愕然としました。薩摩の琉球侵略から明治の琉球処分、米軍の日本侵攻を食い止める「捨て石」とされた「沖縄戦」、サンフランシスコ平和条約で日本の独立の代償に、米軍占領下に差し出された沖縄、今また力ずくで沖縄の民意をねじ伏せようとする野蛮な安倍政権、日本は「法治国家」だと空文句を繰り返す菅官房長官、様々な思いが交差し、怒りと悲しみで言葉を失いました。しかし幾度も力を奮い起こして、本土と沖縄の民主主義のほころびを紡ぐ一員たろうと努力してきました。いま愛知県警機動隊の高江派遣は私を加害の立場に立たせています。沖縄に対する加害性に身が引き裂かれる思いがします。決して見過ごすことはできません。

2016年12月名護東沿岸に墜落し大破したオスプレイ（沖縄タイムス社提供）

## 沖縄の非暴力の抵抗

私は、以下、沖縄の非暴力の抵抗について意見を述べ訴状の通り高江への機動隊派遣の違法性を強く問いたいと思います。

私は今年２月８日に愛知県警機動隊の高江派遣について、時間外勤務手当、装備運搬費用等について、いくつかの情報開示請求を行いました。しかし、ほとんどが黒塗りで非開示とされました。非開示の主な理由は「テロ等の犯罪行為防止のため」ということです。高江に限定した情報の開示を求めているのに、こんな納得できない理由はありません。沖縄の非暴力の抵抗はテロとは無縁のものだからです。

戦後米軍の占領下で沖縄の非暴力の抵抗は、銃剣を突き付けられブルドーザーで家屋敷を壊され、土地を収奪されて生きる術を失った農民が米軍との交渉で肩から上に手を挙げてはならない、手には何も持たず座って話すなどのルールを決め、憲法の庇護のない状況での土地闘争、人権闘争として伊江島から始まったものです。幾つもの基地強制接収への抵抗があり、中でも昆布の土地闘争が知られています。

１９６５年1月末、具志川村（現うるま市）昆布の集落に対して、米軍施設天願桟橋の増強のため、周辺農地２万１千坪の強制接収が通告されたが、昆布周辺の住民は接収予定地にテントを張り、さらに闘争小屋を建てて、畑の作物を育てながら非暴力の闘争を継続し、ついに5年後、米軍に強制接収を断念させています。

１９７０年国頭村伊部岳の実弾砲撃演習の設置も、村民が体を張って阻止しています。１９８９年の国頭村安波の住民は米軍のハリアーパッド建設計画を阻止しました。同じく１９８９年恩納村では既に半分出来上がっていた米軍の都市型実弾演習施設を村民の非暴力の抵抗で撤去させています。

１９７３年から１９９７年まで、米海兵隊は金武町１０４号線越え、生活道路を封鎖しての実弾砲撃訓練を行いました。騒音被害、自然破壊のすさまじさから平和団体等の現地抗議闘争が24年間続きました。反対闘争のみならず復帰直前の沖縄中部東海岸、金武町での反石油備蓄基地（ＣＴＳ）闘争は、本土で嫌われる公害企業を政府と企業が一体となって沖縄へ押し付けてくることへの抵抗でした。住民の生業を守り沖縄の自然破壊を食い止める闘いでした。

今の辺野古高江に繋がる亜熱帯の海と森を守る、憲法で保障された環境権、生存権獲得のための抵抗です。いまだ沖縄は自己決定権を行使できず自治権が制限されたままです。

「沖縄の祖国復帰が実現しない限り我が国の戦後は終わらない」と言っていたのは当時の佐藤栄作首相でしたが、対する沖縄県知事、屋良朝苗氏は退職の挨拶に「基地ある限り沖縄の復帰が完了したとは言えない」との言葉を残しています。

最近復帰前に１３００発の核弾頭があったことや、１９５９年に核ミサイルが誤って発射されたことがあったと報道されました。現在も核兵器が沖縄に配備されているのではないかとの疑念も浮上しています。オスプレイの配備も高江がオスプレイの訓練のための着陸帯だということも政府は住民に隠したままでした。

復帰後45年たった今も沖縄の祖国復帰は完了しないどころか新たな軍事化で基地負担は増強しています。否応なく沖縄は抵抗するよりほかありません。憲法で保障される人権・環境・平和は沖縄では自ら労力を使い闘いとらなければならないものでした。沖縄の闘いは普通の暮らしを持続し生きるためのものであり、破壊を目的とするテロとは無縁です。

２００８年1月、私は3週間、辺野古の浜で環境アセス法違反の事前調査を止める海上行動に出ていましたが、毎朝常に確認されたのが「今日も非暴力で」というものでした。２０１１年2月には高江のＮ４地点の着陸隊の違法工事を止める行動にも参加しましたが、警察は作業者と私たちの間に、もめ事が起こった時に仲裁に入るもので中立性を保っていました。ところが昨年7月は今までと様子が違っていました。現場に行けない私はインターネットのライブ配信、沖縄の新聞でこまめに情報をチェックしていました。21日の深夜から22日の、いわゆるＸデーと呼ばれた日は断続的ではありましたが複数名のツイキャス（生中継）を追いかけ、高江の県道70号線が全国から派遣された機動隊で埋め尽くされ、殴る蹴る紐で締め上げるなどの暴力で市民を制圧する様子を見ていました。「どうしてこんなことが許されるのか。これでは侵略だ！　いったいどこまで沖縄を凌辱するのだ！　これが法治国家日本のやることか」、やり場のない怒りで息が詰まりそうでした。

**違法工事強行のために住民弾圧**

私自身は11月中旬になって、やっと高江に出かけることができました。11月の時点で愛知県警機動隊が高江にいたことを確認しています。他府県から派遣された機動隊員による土人発言が沖縄への差別発言として世論の批判にさらされたことから、声高な威嚇は見られなかったものの警察車両で民間業者を運ぶ、トラックの石材搬入をパトカーが先導するなど警察の権限外行為が当たり前のように行われ、北部訓練場ゲート50ｍほど前では愛知県警機動隊に根拠のない不当な検問でたびたび足止めされました。Ｎ１地区ゲート前ではトラックの搬入をサポートする目的で私たちをそのたびに拘束しました。違法工事推進強行のための住民の弾圧であったのは明らかです。

**おわりに**

愛知県大村知事は何故、高江への機動隊出動要請を断っていただけなかったのでしょうか。大村知事には、保革を超えたオール沖縄の声は届いていないのでしょうか。わずか１５０人の住民の集落に全国から５００人もの機動隊が派遣される異常さに思いが及ばなかったのでしょうか。

愛知に住む沖縄出身者は決して少なくありません。地政学・抑止論からも米軍基地は沖縄でなくて良いとの指摘は既になされています。これ以上沖縄に犠牲を強いる「新基地建設」への加担はやめてください。

２０１７年12月12日　第2回口頭弁論原告意見陳述

# 7月22日・高江N1ゲート前での警察権力の暴力を体験して

丸山悦子

## 高江の闘いを知って

私は7年ほど前『クーヨン』という育児雑誌で、初めて沖縄島北部の東村(ひがしそん)高江のことを読みました。高江の周囲には、世界有数の亜熱帯照葉樹林が密生し、４０００種を超える多種多様な生物が長い年月生息し続けてきた「やんばるの森」があり、集落の中には子どもたちの遊び場となる渓流があり、高江の人々の中には、命を育むこの豊かな自然の地を「終の棲家(すみか)」にしたいと願ってここに移り住んだ方もいらっしゃるということです。

けれども、驚いたことに、この「やんばるの森」に危機が迫っているとも書いてありました。高江集落を包囲する形でオスプレイヘリパッドの建設計画があること。そして、このことに対して住民たちが猛反対をしていること。そして、住民が計画を知る前に十分な説明がなかったこと。そういうことが書かれていました。オスプレイといえば少なくとも「平和」から遠いに決まっています。私は、それ以前から平和の問題に取り組む市民運動に関わっていましたから、初めて目にしたこの記事に無関心ではいられませんでした。

そこで私は、それまで観光旅行にも出かけたことのなかった沖縄へ、それも危機が迫る高江へ、行くことにしました。私が高江にいた一週間、沖縄だけでなく全国各地から来た人たちが座り込みをしているN1テントに、大勢の人々が訪れました。そのうちの多くの人たちが、三上智恵監督の『標的の村』を見て、ぜひもっと高江のことを知りたい、直接現地を見たい、と語っていました。テントには、高江住民の会の方々だけでなく、大宜味村、恩納村からも順番に座り込みに来られました。その人たちが、丁寧にわかりやすくヘリパッド建設の問題点を説明してくださいました。

名古屋に帰ってから、さらに愛知において沖縄問題への関心を高める運動を、もっと広げたいと思いました。この時から後、何度高江へ足を運んだことか。

オスプレイが「未亡人製造機」と呼ばれて、嫌になるほど何度も事故を起こしていることは周知のことです。また、爆音と熱風を撒き散らし、低周波による振動によって家の窓ガラスや家具が揺れ動きます。その上深夜に至るまで、民家のすぐ頭の上を低空で飛ぶ訓練を繰り返しています。特に幼い子どもたちにとっては恐怖でしかないでしょう。恐怖による情緒不安・睡眠不足のあげく、遂には登校できなくなって家族ともども引越しを余儀なくされた例も聞きました。終わることのない睡眠不足と、いつ墜落するかわからない日々の恐怖、上空を我が物顔に占有する米軍機をただ耐えているだけの精神的苦痛……これらのことは高江住民全体に及んでいます。こんなことが高江住民の、ひいては沖縄県民の「安全」保障であるとは、悪い冗談です。子孫に残さねばならない自然とささやかな日々の暮らしを守りたい。その一念が、遂に憤怒となって噴き出した行動が、高江のヘリパッド建設への抵抗、座り込みです。

**120人の住民に襲いかかる1000人の機動隊**

この住民の行動に対して、愛知県の大村知事はどんな対応をしたでしょうか。それは、愛知県警察の機動隊派遣でした。

2016年7月18日から25日まで、私は高江にいました。政府がヘリパッド建設工事を急がせ、いわば強行突破という形勢になろうとしていたからです。７月19日、沖縄県内外から同じ思いの人々が、Ｎ１ゲート前に続々と集まってきました。私たちを排除するために機動隊は県道70号線で検問を開始しようとしましたが、集まった市民たちの反発を受け、いったんは実施を中止しました。けれども、20日21日と工事車両の搬入日が近づくにつれて、検問がかなり強化され再開されました。そのため私たちは21日の夜からゲート前に泊まりこみました。おそらく22日になれば、１台の車もゲート前に行かせないという機動隊側の強硬姿勢が予測できたからです。

案の定、22日当日、機動隊は強硬姿勢に出ました。それは事前の予想をはるかに超える形でした。県外からおよそ５００人、県内からもおよそ５００人、合計約１０００人の機動隊員が、たかだか１２０人ほどの反対市民を排除するためにやってきたのです。この反対市民のほとんどは、私も含めて高齢者でした。

2016年7月22日機動隊による車両の強制撤去と抵抗する市民

夜明けを迎えた頃、薄闇の中に警察車両の屋根に回る赤色灯が増え始め、すっかり明るくなった頃には、県道70号線をびっしりと埋め尽くしていました。私にはとても恐ろしい光景に見えました。たかが１２０人足らずの徒手空拳の市民相手に、足立・千葉・名古屋・豊田・横浜・福岡といったナンバープレートを連ねて、暗闇と同じ色の制服が迫ってきたのです。私たちは、森を壊すなと叫んでいるだけです。海を、野を、山を、傷つけることなく子孫へ渡せと言っているだけです。世界のどこかへの加害行為に通じる基地建設はもうやめてくれと言っているだけです。その声を封じ込め、弾圧するため、警察権力が前面に出てきました。警察庁からの派遣命令に従って、愛知県警の派遣を命じたのが大村知事、あなたです。そして、その命令によって愛知県警機動隊は、市民の抵抗に対してさまざまな暴力を加え、排除する当事者になったのです。

### 人権を踏みにじる機動隊の暴力

真夏の沖縄の猛暑の中で、私たちはスクラムを組み、徹底的に非暴力で挑み、精一杯の抵抗をしました。猛暑の中、皆、汗まみれでした。飲み水も食べ物もすぐ近くのN1ゲートのテントの中に置いてありました。でも、それを取りに行くことを機動隊に妨害されました。事態を知って後から駆けつけた人たちが差し入れようとしてくださった水・食料も同様の妨害によって私たちに届きませんでした。トイレへ行くことも規制され、熱中症で倒れた人や心臓発作を起こした人、機動隊によってロープで首を絞められた人もいました。N1ゲート前の反対住民の車両の上に乗っていた人たちも引き摺り下ろされ、騒然とした状況でした。その中で「沖縄平和運動市民センター」山城博治議長が、この有様に涙を流し、機動隊に対し「もうやめてくれ」と叫びました。そして、私たちはやむなく抵抗を止めざるを得ませんでした。おそらく、住民側にこれ以上のけが人を出してはいかんという思いからの「もうやめてくれ」でした。私たちは、機動隊とこんな衝突になることなど望んではいません。けれども、市民の基本的な権利を、警察側の数々の違法行為が侵犯したのです。

力を持たない一般市民に対し、権力を有する警察官が多数を以って威嚇する。これは、警官の職務規範に違反します。『警察法』によれば、警察は「不偏不党かつ公平・中正を旨とし、卑しくも日本国憲法の保障する個人の権利及び自由の干渉にわたる等その権限を濫用することがあってはならない」（第一章　総則　第二条）とあります。高江で、愛知県警察の機動隊はこの条項に明らかに違反しました。市民がたとえ政府の方針であろうと、「反対」を唱え、異議申し立てができるというのは、憲法に記された基本的人権です。政府の方針によって、憲法の保障する人権が脅かされているのですから、異議を申し立てる権利は保障されているはずです。

**知事は県民の命と生活を守るのが最優先**

大村知事、あなたが県民に選ばれ、県民の生命と生活を守るということが第一の使命である以上、それを最優先すべきです。そして、知事がどんな政府の命令についても絶対に従わねばならないという決まりはないのです。それなのに、知事は沖縄に新しい軍事基地を設けるという政府の方針に対し、反対する住民、市民を排除すべきという立場に立たれました。これがどうしても納得できません。「いのちのビザ」に関する歴史の出来事をご存知でしょう。公職にあっても、「国家政策」に反して大勢の人々の「いのち」を救うことを選択した公務員がいたことは事実です。最後には、一人の人間としての決断が問われるのではないでしょうか。

**血税が使われることを拒否する**

終わりに、国の事業というならば国の予算を執行すべきだと思います。なぜ愛知県の税金を支出せねばならないのでしょうか。私の支払った税金、まさしく血税が、私の思いとは真反対のことに使われたことに愕然とし、到底納得できず、いつまでも恨めしくてならないので監査請求をすることを決意いたしました。それが棄却されるという結果に至り、どうしても我慢できず訴訟に踏み切りました。

２０１８年２月22日　第３回口頭弁論原告意見陳述

# 国家権力による暴力の理不尽さを身をもって体験する

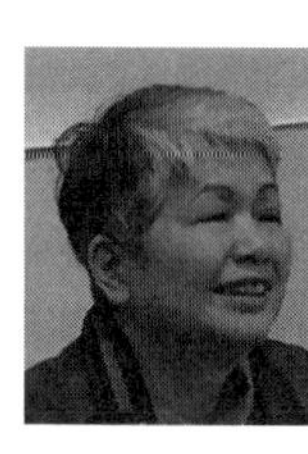

**松本八重子**

## ２０１６年７月22日現場に立ち会って

私は、２０１６年７月22日、愛知県警機動隊が沖縄県東村高江のヘリパッド建設のために派遣された現場にいました。７月21日には緊急集会が高江のＮ１ゲート前で開かれることになり、滞在していた那覇からも３台のバスが高江へ運行されました。バスに乗って出かけた高江には、沖縄中から、沖縄県外からも、大勢の人が集まっていました。１６００人の参加。何としても、新しい基地は造らせないという熱気に満ちていました。

その翌日、22日には高江へリパッドの建設が強行されると言われていました。そのため、私は那覇市内には戻らず、名古屋から来ていた友人と一緒に、高江の宿に泊まることにしました。翌日に備え、早めに布団を敷いて寝ようとした20時頃、緊急に招集がかかりました。機動隊が道路を封鎖するようだから今から座り込みをする、ということでした。そのため、その日は満天の夜空を見ながら県道70号線沿いに座り込んで夜を明かしました。

高江のＮ１ゲート前には、沖縄各地から座り込みに来た市民の自家用車が１６０台ほど、ジグザグに駐めてありました。私はＮ１ゲート南口に近い場所で、自動車に寄りかかって座り込みました。

### 非暴力で座り込む市民を暴力的に排除する機動隊

座り込んでいる私たちを夜通し沖縄平和運動センター議長の山城博治さんが励まし続けていました。博治さんは高熱があり体力的にも限界の中、機動隊の動きを逐一私たちに伝え、万が一機動隊によって排除されても決して無理をしないように、怪我のないようにと伝えながら、「座り込めここへ」と歌を歌って県道70号線沿いをN１ゲート北口側から南口側へと行き来していました。徹底した非暴力の座り込みでした。

座り込みの現場があわただしくなったのは7月22日、午前4時頃のことです。まだ暗い高江で、機動隊の大型車両が灯りを煌々と照らして、まずは国頭村側の北口から機動隊の突入がありました。

N1ゲート前での座り込み

私のいた南口からは午前5時頃、機動隊車両がN１ゲート前に座り込む市民を排除しはじめました。市民は何人かでかたまって腕を組んでN１ゲート前にジグザグに停めた自動車と自動車の間に入り、抗議の声を上げながら、機動隊員に引き抜かれないように踏ん張りました。

現場では「恥を知れ！　ここは沖縄だ！」「他府県の機動隊は帰れ！」「沖縄に基地はいらない！　我慢は限界を超えたぞ！」「沖縄県警の皆さん、私たちと一緒にヤマトと闘おう！」という抗議の声が響いていました。

後に聞いたところでは、この日、高江のN１ゲート前には、沖縄県警の機動隊の他に６都府県から総勢１０００人の機動隊員が派遣されていました。そうやって座り込んでいる間に夜が明け、朝になり、日が上りました。

その日、7月22日の高江は猛烈な暑さでした。猛暑の中、N1ゲート前のテント内に保管されていた大量の水と食料は機動隊によって没収され、名護署へ持っていかれてしまいました。猛烈な暑さの中、たくさんの市民が座り込みを続けており、水分補給のための水が必要であることを知りながら、水を含めて全部持っていってしまいました。

私は最初に座り込んでいた自動車の脇から排除されました。事前に、山城博治さんからも決して無理をするなと何度も言われていましたので、引っ張られたときにはとくに抵抗をすることなく、引っ張られるままに行動しました。しかし、機動隊員が数人がかりで私のところへやってきて、実際に私の体を引っ張って、座り込んでいた場所から引きはがしたときには、覚悟はしていたものの強い恐怖を覚えました。

一回引きはがされた後も、まだ座り込みの市民はジグザグに停めた排除されていない自動車の所へ入って再び座り込みました。そして機動隊員に引きはがされました。うまく座り込みに入ることのできる場所がないときには、声を出して抗議しました。

何時間もの座り込みの中、私たち女性は長丁場の中で我慢できなくなった尿意のため、いったんN1ゲートの座り込み現場の外に出て、公衆トイレへ向かおうとしました。ゲート南口側から1㎞ほど南に公衆トイレがあるのでそこへ向かおうとしたのです。ところが、ゲート南口側は機動隊に封鎖されていました。

N1ゲート前で座り込んでいる市民が公衆トイレへ行くには、ずらっと並んだ機動隊員に通してもらわなければならない状態でした。機動隊員は、県道70号線を那覇市側の南側から入ってくる車両と人員もブロックしていました。南口側へ行ってみると、建設強行の知らせに沖縄各地から駆けつけたたくさんの市民が、機動隊の封鎖によって足止めとなり、N1ゲート前まで入ることができずにゲートの外で座り込んでいるのが見えました。

## 米軍ヘリパッド建設工事に派遣された愛知県警機動隊

ゲート南口側の車線を封鎖していたのが、愛知県警察の機動隊員でした。私は南口の外にある公衆トイレへ行こうとしましたが、機動隊員は「公衆トイレへ行くことは構わないが、一度ここを出たら二度と中には戻さない」と言いました。「どんな法的根拠があって、県道を封鎖するの？」と聞いても、機動隊員は誰も口を開かず、能面のように立っているだけでした。私は機動隊員たちに「どこから来たの？」と聞くと機動隊員の一人が思わず、といった感じで「愛知県警です」と答えました。それを聞いて「私も愛知県から来たのよ」と言いましたが、その後は誰も話をしませんでした。

ゲート南口側を封鎖していた愛知県警の機動隊員は顔を見るとみんなとても若い隊員たちでした。何を思ってここを封鎖しているのだろう、どんな気持ちだろう、と思いました。こんな若い県警機動隊員に、警察法に違反するような仕事をさせられ、沖縄の人々の民意に反し、豊かなやんばるの自然を破壊して、米軍の基地建設に加担する仕事をさせているということが、悔しくてたまりませんでした。大村県知事は県警職員にこんな仕事をさせていることを御存知なのでしょうか。

愛知県警察の機動隊員に車線を封鎖され、いったんゲート外に出たら二度と中には入れないと言われた私たちは、やむなく道路脇の藪に入って、用を足しました。「ハブが出るからそんな奥に入って行ってはいけないよ」、と言われながらの用足しでした。

そのとき、ゲート前が騒がしくなりました。急いで県道70号線へ戻ると、担架に乗せられて運ばれるけが人の姿が見えました。機動隊員が座り込みの市民を排除するとき、市民にけが人が出たのです。

けが人が出て担架で運んでいても、県道を封鎖した機動隊は救急車をゲート中に入れませんでした。ゲート南口の外で救急車がサイレンを鳴らして待機していました。

けが人に寄り添っていた山城博治さんは、「ここまでやるのか」「どうして、こんな酷いことが……」と言い、がっくりと地面に膝をつきました。そして、高江の大地に悔し涙を流していました。機動隊員に首を絞められる仲間を見ての悔し涙でした。

そして、山城博治さんは「抵抗はやめるから、暴力をやめてくれ」と叫びました。その日の市民による非暴力の抵抗を終わりにする、という苦渋の決断でした。

早朝4時から、8時間にも及ぶ長くすさまじい機動隊の暴力・暴行によって、非暴力の抵抗をしていた市民からけが人が続出しました。猛暑の中、十分な水分補給もできず、トイレにも行けず、市民の疲労は限界に達していました。こうして、その日のN1ゲート前座り込みは終わりました。

## おわりに

私は沖縄の直面している現実、国家権力のあまりの理不尽さに、激しい怒りと悔しさでぼろぼろになりました。

愛知県警察職員の本務は愛知県民の生命、身体、財産の安全を守ることです。愛知県職員が5ヶ月以上の長期にわたって、沖縄県東村高江のヘリパッド建設工事に派遣されたことは、警察の本務に反することです。しかも派遣先で行った所行為は警察法第2条に反するものです。公金を使って沖縄県民の民意に反する行為をしたことは、愛知県民として絶対に許せることではありません。

２０１８年５月14日　第４回口頭弁論原告意見陳述

# 私が体験した法を無視した高江での弾圧

大瀧義博

沖縄県東村高江でのオスプレイパッド建設反対の抗議行動に対し、本土から派遣された機動隊による弾圧、とりわけ移動の自由が制限されたことへの怒りを告発します。私は、２０１６年７月18日〜20日、11月20日〜29日と12月24日〜29日に高江に通いました。

## ２０１６年７月の高江で

７月18日、名護市から大浦湾沿いに沿って北上し、東村へ通じる県道70号線は、すれ違う車もわずかな道路でしたが、この日は警察車両に何度も会いました。他県の警察車両でした。

翌19日朝５時に高江Ｎ１ヘリパッド建設予定地の県道入口に到着。沖縄の朝明けは遅い。暗闇の中、抗議活動が始動し、高江の一日が始まりました。抗議集会中も県外の機動隊車両が何度も通過。地理不案内な県外機動隊員に対しXデー（Ｎ1テント撤去、工事再開）に向けての視察とのこと。一端、名護市内に妻を迎えに戻り、再度、Ｎ1テントに向かった10時頃、県道70号線、東村宮城地区の路上で福岡県警機動隊の検問に止められました。免許証の提示と行先を問われ、これはおかしい？「なぜ聞くのだ」と尋ねたら、「それなら結構です」と言われ、通過しました。

高江区に入り、米軍北部訓練場手前の新川ダム入口で再度の検問に遭遇。2年間ほど高江に通って初体験の検問でした。民主主義国家である日本で通行の自由が制限される事態に遭遇し、唖然としました。

20日は検問に遭遇することなく5時に高江N1へリパッド建設予定地前に到着。県道沿いのテントの手前には機動隊の装甲バス等が左側に10台近く駐車し、交通妨害をしていました。小口幸人弁護士から、「19日の検問実施を聴き、腹が煮えくり返るほどの怒りを持った。検問は理由なくむやみにやれるものではない。また、「テントや駐車車両の撤去を19日までにせよ。その後は所有権を放棄したものとみなす」との防衛省や外務省の通告は、何様だ。何の権限があって命じるのだと言いたい。県道の管理者は沖縄県であり、防衛省や外務省、また機動隊には何の権限もない。器物損壊にもあたる。検問やテント等の撤去には対しては、座り込み抗議しよう」との話がありました。やんばるの森は、真夏、日中は大変暑い。水分補給や日陰で休みながら、15時30分に中締めを行い、早朝からの抗議行動を締めました。いつ機動隊が撤去に動くかわからず、夜は泊まり込みと緊張は継続します。私たち二人は、終日、抗議集会や持参した「WC案内」のステッカーをレンタカーに貼り、トイレの送迎をしました。各自がすべきこと、やれることを自主的にするのが沖縄の運動です。Xデーが今晩か明日かというなか、後ろ髪を引かれる思いで、20日夜、高江を後に名古屋に帰りました。その後22日早朝に機動隊は、県道70号線を封鎖し、N1テント撤去、工事再開を暴力で強行しました。

**2016年11月高江での不当な検問など**

11月再び高江に。20日21日、雨の朝、県道70号線高江共同売店の先で機動隊の検問に遭遇。午前8時から10時まで車に閉じ込められました。検問理由、通行制限理由を尋ねても機動隊員は、黙して語らず。ただ通さない。道路の左右は、森と畑。トイレはない。抗議しても知らんふり。やむを得ず左の山の中に入って立小便をする。たくさんの停止車両には女性も同乗しいました。10時頃に、機動隊員から「行っていいよ。だが、新川ダムでまた止められるよ」と言われ、出発。新川ダムの側道で検問、ここは止められず通過できました。やれやれと思ったら、米軍北部訓練場の基地ゲート前で検問。ここで10時から12時まで拘束されました。何と県道には名古屋ナンバーの装甲バス。基地ゲート内入り口には豊田ナンバーの機動隊バス。若い機動隊員に「名古屋から」と尋ねるとうなずきました。「僕も名古屋だよ。気の毒だね」と親愛の情をこめて挨拶。米軍北部訓練場基地内に採石場から大型トレーラーで運んだ砕石を仮置きし、小型ダンプに積み替え工事用道路を経てヘリパッド建設現場に運びます。前後をパトカーが護衛。12時までにのべ60台のダンプカーで砕石が現場に搬入。この間、県道が閉鎖され、抗議者は拘束です。車から出ると老人１人に屈強な青年機動隊員が１～３人護衛についてくれます。こんなことのために名古屋から呼ばれた機動隊員の心中はどんなものでしょうか。

22日、今朝は昨日と違って高江内県道70号線の３ヶ所で機動隊にストップをかけられましたが、拘束されず８時に高江Ｎ１ゲート前に着。しかし、私が到着後は、ダンプカーを運行させるため車線規制で後続車は上がってこられませんでした。新川ダム入り口で止められ、40分歩いて来たという老夫婦もおられました。

午後にはコメンテーター・毎日新聞特別編集委員の岸井成格氏も訪れました。辺野古・高江では、ビックリするような方々に会えることも楽しみです。９時、ゲート横に座る私たちの排除が始まりました。女性１人がケガをさせられたようです。９時30分、前後を警察車両に護衛されたダンプカーが入ります。だいたい４台単位。工事用道路の砕石粉塵をタイヤにつけたダンプと警察車両が県道に砕石粉塵をまき散らします。ダンプカー等の車両が県道を通過すると、ものすごい粉塵が巻き上がります。皆、紙マスクをします。この日は、12時までに60台、午後は３時半までに36台、合計96台分の砕石が搬入されました。

名古屋ナンバーの機動隊車両
名古屋800は2-87

豊田ナンバーの機動隊車両

28日は新たに設定された月曜行動日、大動員を予測し、混乱を避けるためか検問はなし。200人余が引き上げた午後、待っていたとばかりに警察に護衛されたダンプカーが来て、結局40台ほど砕石を搬入しました。安倍首相の号令の下、12月20日の引き渡し式に間に合わすために、違法・不安全・いい加減な施工状況で法面崩壊、手直し等も多々発生し、遅れに遅れているとのこと。

29日、今晩8時40分那覇空港発で帰る前に高江で行動しようとN1ゲートに向かう途中、また高江共同売店の先で止められました。8時20分、沖縄県警は、「下で車両妨害があったから、この先でも妨害が発生するといけないから止めている」と言う。こちらが「予防拘禁ではないか、違法だ」と追及すると、「予防拘禁ではない、どこでも行っていいのだから」と。では、前に行かせろとの抗議に「説明はした。終わりだ」と問答無用の態度。仲間から「あか橋で2人が連れていかれた、1人は令状を示された」と聞きました。高江を諦め、やっと通行許可が出たので辺野古キャンプシュワブ前テントに着いたら、「警察のガサ入れ（家宅捜査）があった。30人来た。今、浜のテントに行っている。2人が連れていかれた」と聞く。島袋文子お婆が、怒り心頭でやって来た。辺野古漁港前12年8ヶ月、キャンプシュワブゲート前2年5ヶ月、高江は9年の座り込みが続いています。生活を犠牲にしつつ住民の権力への抵抗が続けられています。

今年最後の集中行動日の12月24日沖縄県高江に来ました。米軍はクリスマス休暇で休み。那覇空港から高江まで警察車両とは１台も会いませんでした。機動隊は帰ったか？　米軍北部訓練所ゲート前には、中部管区機動隊と表示した「豊田８００は２１７」車両がいました。

**監視社会への恐怖**

以上、県外機動隊５００名余の動員で２０１６年７月から東村高江でのヘリパッド建設が強行され、東村高江の小さな村は戒厳令状態で村民の建設反対の意思が封じられました。強制処分法定主義も令状主義による司法抑制も無視され、非暴力の建設反対者を犯罪者・ゲリラとみなして弾圧されたことに強い怒りを覚えました。また、カメラ、ビデオに抗議者の姿が執拗に撮影され、その情報がどのように保管・使用されるのか、国民監視社会が作られていっていることへの恐怖を感じさせられました。

2018年7月25日　第5回口頭弁論原告意見陳述

# 高江の現場で学んだ非暴力抵抗運動と平和の文化

**八木佳素実**

### 沖縄に関わるきっかけ

私は、1995年、3人の米兵による少女暴行事件が起きた時、沖縄のこと、歴史や文化も学びたいという思いを強く持ちました。1996年3月に、愛知在住の沖縄出身者が中心となって結成された「沖縄について考え・連帯する『命どぅ宝』の会」（略称：命どぅ宝あいち）の会員となりました。以来、沖縄出身の方々と交流し、沖縄について学び、そして沖縄の現状を伝え、平和を求める沖縄の人々に連帯する活動に参加、沖縄にも何度か足を運んできました。

### 高江座り込みへの参加

2016年10月と12月、高江の米軍ヘリパッド建設に反対する座り込みに参加しました。N1ゲート前で座り込んだ私たち市民を取り囲む壁のように、機動隊員が立ちました。機動隊員は排除を始める前から、辺野古と同様、カメラを市民へ向けていました。なぜ市民を撮影するのか。公権力が公道にいる市民を撮影する根拠は何なのでしょうか。

このとき、機動隊員たちは、階級章、識別章のどれもわざわざ隠していました。

**強制排除の様子**

10月25日、私はいわゆる「ごぼう抜き」により強制排除されました。数人の機動隊員に手足を持ちあげられての排除でした。２０１６年2月に辺野古の座り込みに参加した際には、機動隊員たちは口先では一応「危ないですよ」と言って、私の両足をそろえて（災害救助の際などに、危険な場所から持ち上げられて移動されているような感じで）強制排除しました。10月の高江でも、機動隊員たちは口先では「危ないですよ」と言ってはいましたが、私の片足を一人の機動隊員が、もう片足を別の機動隊員がつかんで持ち上げて、強制排除しました。自分が重たい荷物になったかのようで、人間の扱いが機械的、ぞんざいになっているな、と感じました。

**機動隊による市民への監視・威嚇**

市民の撮影を続ける中、撮影担当者に上司が「これも撮って」と私のことを指して指示したことがありました。私が「今、〝これ〟って言った?」と聞き直すと、「この人!」と言い直したのです。市民を排除・監視の対象物としているうちに、だんだんと目の前にいる人間を人間とは思わなくなるのではないでしょうか。公権力が、やみくもに市民をビデオ撮影し、その行為自体によって市民を威嚇している、それは本当に気味が悪く、許せないものです。

機動隊による監視は、ビデオ撮影だけではなく、N１ゲート前で座り込みをしているわけではない市民に対しても、徹底して後をついてきて監視していました。その根拠はなんでしょうか。私も一度、座り込み現場を離れメインゲートに向かって県道の歩道を歩いて行ったとき、機動隊員が2人も後を付けてきました。私は女性であり、身体も決して大きい方ではありません。そんな私に対して、男性の機動隊員が2人も付いてくるので、「2人も付いてくるの?」

ススキの葉でサン（魔除け）を編む女性を監視する機動隊

と聞きました。機動隊員たちは無言で答えませんでした。

12月、座り込みの場所から離れてひたすら道路脇に生えているススキの葉でサン（魔除け）を編む女性に、機動隊員2名がずっと付いて監視していました。

## 権力の行使が人間性を喪失させる

高江で市民と対峙する最前線にいたのは、まだ高校生のような顔つきの者も多い、帽子に一本だけ白線の入った若い機動隊員でした。若い機動隊員が座り込む高齢者を強制排除していく様子には胸がいたみました。

機動隊員たちは、高江で市民を強制排除する任務を、どんな任務だと説明されて送り出されてきたのでしょうか。市民側は、沖縄の徹底した非暴力の抵抗の精神にのっとり、暴力的行為に出ることはありませんでした。7月22日に機動隊員の強制排除によってけが人が出て、これ以上は危ないと現場の責任者（山城博治さん）が判断したときには撤退の指示が出され、市民もその指示に従いました。でももし、市民が撤退せず徹底して抵抗を続けたならば、機動隊はどこまでするつもりだったのでしょうか。市民の多くにケガを負わせる状態になっても、強制排除を暴力的に続けたのでしょうか。

２０１６年10月に私が高江へ行ったときには、直前の10月18日に大阪府警機動隊員が市民に対して「土人」と発言した事件があり、N１ゲート前の集会でもみな口々にこの事件を取り上げ、怒っていました。集会の司会者は、こうした発言の根本にあるものまで追及し、それをなくす必要がある、と発言されました。その「背景」については、大阪から来た方が次のように語られました。「大阪の警察は、配属されるとまず釜ヶ崎に来る。そこで『違法な職務質問』の練習をする。釜ヶ崎の住民に対して、数字の四、五、ゼロで『ヨゴレ』と言い、『４５０（ヨゴレ）１名捕獲』という表現を使う。交通事故で亡くなった住民がいても、警察が遺体をしばらく放置する。釜ヶ崎は『人を人と思わない』ようにする警察の『訓練場』になっている」という話でした。人を人と思わない、そこには差別があり、機動隊による市民への差別感情について、他にも多くの発言者が触れていました。

### 故郷を守る沖縄の抵抗

住民の４人に１人が殺されるという悲惨な地上戦を経験した沖縄県民の民意が、「わが島を二度と『戦場（いくさば）』にはしない」という決意です。

その民意をふみにじり、強権的に住民の抵抗を排除し、ヘリパッド建設を請け負った民間建設会社の下請けガードマンのようなことまでして、占領軍の軍事基地を維持・強化する、日本の警察。

そんなことは、民主主義の国、新憲法の下での日本、平和を求めるこの世界に、あってはならないことです。

ゲート前の座り込みには沖縄の各地から、県外から、海外からも多くの人が参加しています。年金生活者も若者も、障害のある方も、宗教者も環境運動活動家も、国会議員も学者も。

実際に現地で座り込みに参加してみると、「絶対にけが人は出さない」ことを方針とし、平和的な非暴力抵抗運動を広げ、継続してきた沖縄の方々のすごさ、そして、そのバックボーンにある沖縄の歴史と豊かな文化を感じます。機動隊員や防衛省職員や米兵、そして私たち県外の日本人にも、言葉やふるまいの端々に同じ人間として思いやりの心を示す、本来的にすばらしい「平和の文化」があると感じます。

私が二度目に高江に行った12月、アメリカで先住民がパイプラインから聖地を守る抵抗運動に勝利したというニュースが飛び込んできました。ゲート前集会でも、何人かが沖縄の状況と重ねてこのニュースに言及していました。

その中の一人が「私たちはプロテスター（抗議者）ではなくプロテクター（大地を守る人）なのだ、そのことをわからない限り、私たちが座り込む意味はわからないだろう」という先住民の言葉を伝えてくれました。私は、この発言がもっとも重要な本質であると思います。プロテクターである市民を尊重することこそ、警察に、地方自治体に、国に、私たちにも求められていることです。それを押しつぶすことは間違いです。

2018年9月26日　第6回口頭弁論原告意見陳述

# 高江のヘリパッド建設を可能にした違法な機動隊派遣

神戸郁夫

## はじめに

私が高江で体験したことを述べます。

私は、2016年9月から12月にかけて、高江のN1ゲート前の抗議行動に3回参加しました。N1ゲートは、米軍北部訓練場の過半の返還の見返りに日本政府が作るオスプレイ用のヘリパッド4ヶ所の工事現場へ工事車両を入れるための入り口で、県道70号線沿いにあります。２０１６年７月22日、工事に反対してＮ１ゲート前に座り込む市民を、全国６都府県から派遣された５００人の機動隊と沖縄県警機動隊、沖縄防衛局職員らが暴力的に排除し、工事を始めました。

## ２０１６年９月の高江の現状

２０１６年９月21日朝６時30分、初めてＮ１ゲート前を訪れました。片側一車線の県道の一車線を潰して警察の大型車両が何台も停まっていて、周りには多くのアルソック（民間の警備会社）と機動隊が立っていました。

警察車両のナンバーは「沖縄」以外に私が確認できたのは、「なにわ」「横浜」「品川」でした。さらにゲートの真ん前にも、座り込みができないようにするためか、大型車両が停められていて、やんばるの森の中のほとんど車も通らない県道で、とても異様な光景でした。

ゲート前に集まった市民は、警察車両が停まっている車線の南側に足場板を置いて、その上に座り込みました。午前10時30分頃、県道の南側から大勢の機動隊がやって来て、機動隊員３～４人で市民１人の両手両足を掴んで、一人ずつゴボウ抜きを始めました。ゴボウ抜きした市民を路肩に運び、県道の両側にそれぞれ二重に機動隊が立って路肩に市民を押し込め、空いた道路を通って何台ものダンプがＮ１ゲートから入り、土砂をおろして出てきます。これを何回か繰り返し、その間、約１時間半にわたって路肩に押し込まれた状態でした。

## 辺野古でも日常的に違法行為が

機動隊による暴力的なゴボウ抜きや、路肩や歩道への監禁は、高江だけでなく辺野古でも行われています。２０１４年７月の工事開始と同時にキャンプシュワブゲート前の座り込みの抗議行動が始まり、私は年に何回か参加しています。

辺野古では、ゲート前に座り込む市民を機動隊が一人ずつゴボウ抜きにし、警察車両と基地のフェンスの間の歩道に押し込めて両側を機動隊が封鎖して監禁します。座り込む市民には高齢者や女性が多いのですが、機動隊はお構いなしにゴボウ抜きにします。スカート姿の女性も、男性の機動隊員が両手両足を持ってゴボウ抜きしています。

監禁された時に機動隊員に対して、どういう法的根拠で監禁しているのかを問いただしても一切答えません。1時間あまり監禁されている間、エンジンをかけっ放しの警察車両の排気ガスを吸わされています。沖縄県警の警備部長は「排ガスを吸いたくなければ、違法行為をやめることだ」と、これを容認しています。

私もゴボウ抜きにされる時に腕をねじられ、痛いからやめろと言うと、「やめてほしければ自分の足で歩け」と言われました。

これは恐ろしいことです。「痛い目にあいたくなければ言うことを聞け」というのであれば暴力団と同じです。しかも逮捕権を持った警察が法的根拠も言わず、勝手に違法行為と決めつけて問答無用で直接、有形力を行使しているのです。逆らえば公務執行妨害で逮捕されます。ここは日本なのか？　日本は民主主義の国ではないのか？　そう思わせられる事態が、辺野古では毎日起こっています。

**政府・警察と一体となって進む工事**

また、高江でも辺野古でも常に数人の警察官がビデオカメラで撮影しています。2017年12月11日、辺野古キャンプシュワブのゲート前で、座り込みから離れて立っていた私にビデオカメラを向けている警察官がいたので、肖像権の侵害なのでやめるように何度も抗議しました。警察官がビデオカメラを向け続けているのでさらに激しく抗議すると、警察官は「そんなに興奮すると周りの若い人たちが引いてしまうよ」と、ニヤニヤしながら私に言いました。

ちょうど若者の集団が辺野古の見学に来ていて、私が警察官に抗議しているのを横目で見ていたので、「座り込みしている人たちは怖い人たちだ」と思われるという意味だと思います。もちろん親切心ではなく皮肉で。そして、私の抗議に対して「だったら裁判に訴えたら？」と言い放ったのです。

私は警察官からこのような言葉が出るとは思っていなかったので、大変驚くと同時に怒りが湧いてきました。きっと彼らは、警察組織にいれば何をやっても何を言っても、事が公にならなければ許されると思っているのでしょう。実際今までに機動隊員の暴力によってたくさんのケガ人が出ていますが、警察がその責任をとったことはありません。個人が裁判に訴えることはないだろうと高をくくって、なかったことにしているのです。辺野古や高江のゲート前でも、過積載などの違法車両を指摘しても、何十人もの警察官や機動隊がいるのに黙認しています。警察官の違法行為を警察組織がもみ消し、違法車両も見逃す。これは今の警察が、政府と一体となって、政府の進めることには少しくらいの違法には目をつぶり、逆に抗議する市民には暴力をふるい些細なことで逮捕しても構わないという組織に、沖縄ではすでになっているということです。

高江で機動隊に抗議する筆者

２０１８年1月16日那覇地裁は、２０１６年11月に高江で警察に制止させられビデオ撮影されたと男性弁護士が訴えた裁判で、警察の行為を違法との判決を下し、その後、判決が確定しました。しかしそのあとも辺野古のゲート前では警察によるビデオ撮影が続いています。

辺野古でのこれらの行為は、沖縄県警の機動隊によって行われたものですが、高江に派遣された愛知県警機動隊も沖縄県警本部長の指揮下で活動していた以上、沖縄県警と同様に責任があります。

**高江・辺野古の弾圧は、憲法・警察法・国連ガイドラインに違反する**

高江ではヘリパッド建設によるオスプレイの騒音で、二つの家族が引っ越しを余儀なくされました。私は高江のN1ゲート前で機動隊員に対して「あなたたちは仕事かもしれないが、それによって高江の人たちの静かな生活が破壊され、住めなくなってしまう。そのことをわかっているのか？　あなたたちが高江の人たちの生活を壊しているんだ」と、何度も何度も言いました。

まさしく、高江のヘリパッドは機動隊なしでは作れなかったし、辺野古も同様です。辺野古の工事はまだ護岸の一部しかできていませんが、その意味でこの二つの米軍基地は機動隊が作ったと言っても過言ではありません。

高江や辺野古で長く抗議行動をしている人によると、以前の警察は沖縄防衛局や工事業者と、抗議行動をする住民・市民の間に立って、仲裁する役目に徹していたが、途中から完全に沖縄防衛局側に立ってしまったと話しています。

警察法第二条の2には、「その責務の遂行に当っては、不偏不党且つ公正中立を旨とし、いやしくも日本国憲法の保障する個人の権利及び自由の干渉にわたる等その権限を濫用することがあってはならない」と書かれています。いま私が述べてきた警察の活動の、どこが不偏不党で公正中立なのでしょうか？　権限を濫用しまくりではないでしょうか？

沖縄県公安委員会からの高江への機動隊派遣要請では、その任務を「米軍基地移設工事等に伴い生ずる各種警備事象への対応」としていますが、実態は「米軍基地移設を円滑に行うための抗議市民の排除」が任務になっています。

国連人権理事会が市民の抗議活動で許容される基準を定めたガイドラインでは、「長期的な座り込みや場所の占拠も〝集会〟に位置付ける」「集会参加者に対する撮影・録画行為は委縮効果をもたらす」「力の行使は例外的でなければならない」などとなっています。日本国憲法でも表現の自由が保障されています。

高江に派遣された愛知県警機動隊の行為が、警察法や国連のガイドライン、日本国憲法に違反しているのは明らかであり、愛知県警機動隊はその違法行為によって高江のヘリパッド建設を可能にし、貴重な自然を破壊し住民の生活を脅かすという二重の罪を犯しています。

この裁判を通じて、愛知県警本部長だけでなく高江に派遣された機動隊員や愛知県公安委員が自らの非を認め、今後このようなことを行わないよう強く要請して、私の陳述とします。

2018年12月5日　第7回口頭弁論原告意見陳述

# 憲法からみた機動隊派遣の不当性

**飯島滋明**（名古屋学院大学教授　憲法学・平和学）

## はじめに

私は名古屋学院大学にて憲法学、行政法、平和学を専門にしている飯島滋明です。私たち研究者は、一般的には運動や訴訟に関わることに謙抑的です。というのも、私たち研究者は客観的に事実を認識し、そうした認識に基づいてさまざまな社会的事象に評価を下し、そうした評価を社会に提示することが社会への貢献につながると考えるからです。紛争の当事者となれば、客観的に社会的事象を認識するという役割を貫徹することができない、あるいは研究の客観性を疑われる可能性があるため、研究者は一般的に訴訟や運動とは一線を画します。

ただ、私は今回の訴訟では、あえて原告となって当事者となることを選択しました。というのも、いま沖縄で起きていることはあまりにも重大な憲法違反行為の積み重ねであり、ここまで重大な憲法違反行為が公然と行われている日本の現実を訴訟の場で明らかにすることこそ、憲法学者の社会的使命と考えるからです。私は２０１６年８月19日から25日まで沖縄、21日、22日は高江のテント村に宿泊も含めて滞在するなど、現地での高江の実態や沖縄での報道などを踏まえて証言したいと思います。

## 憲法違反の現状

### 1 「平和的生存権」の侵害

まず沖縄では、米軍による「平和的生存権」の侵害行為が日々繰り返されています。憲法学の大家であり、憲法学界にあって平和憲法研究を先導されてきた、古川純・山内敏弘教授たちの文献では、「戦争や軍隊によって自己の生命を奪われない権利あるいは生命の危険にさらされない権利」と紹介されています（山内敏弘・古川純『憲法の現状と展望』北樹出版、２００2年、61頁）。沖縄では「平和的生存権」が米兵犯罪、墜落事故などにより侵害、脅かされてきました。

米軍基地周辺の市民は、米兵の犯罪によって生命を奪われたりすることで「平和的生存権」が侵害され続けてきました。『東京新聞』２００8年4月4日付でも、「『また米兵』怒り増幅　過去の被害者「基地ある限り…」との記事が掲載されています。『朝日新聞』２０１２年10月17日付でも、「また米兵　憤る沖縄　強姦致傷事件『我慢いつまで』」「後絶たぬ性犯罪」との記事が掲載されています。20歳の女性が元米軍の軍属によって強姦の上、殺害された事件に関しては、保守的とされる『読売新聞』でさえ、「またか」との記事を掲載しました（『読売新聞』２０１６年５月20日付）。

米軍人等による犯罪だけでなく、「墜落事故」によっても「平和的生存権」が侵害されています。保守的な立場で在日米軍を擁護の姿勢が顕著な『産経新聞』でさえも、２０１８年１月８日付〔電子版〕で「沖縄でまた！　米軍ヘリ不時着　読谷村のホテル付近」との記事を出したように、沖縄では米軍による墜落事故や不時着事故により、「平和的生存権」が脅かされています。

そしてなにより有事の際、米軍基地が攻撃対象になるのは軍事的常識です。２０１７年４月、米軍嘉手納基地では沖縄が攻撃された場合を想定した軍事訓練が実施されました。米軍自体が攻撃対象となることを認識し、そうした攻撃に備えた訓練をしているのです。

２　環境権の侵害

つぎに沖縄では、あらゆる種類の基地公害（騒音、環境汚染など）により、沖縄市民の「良好な環境を享受し、これを支配する権利」とされる「環境権」（憲法13条、25条）が侵害され続けてきました。

３　憲法36条違反の警察官の暴力

以上のように、沖縄の市民は米軍により言語に絶する苦しみを味わってきました。そのため、沖縄では少なからぬ市民が基地の撤去を求めています。

たとえば２０１６年４月、元米軍属に20歳の娘を強姦の上に殺害された父親は、「この事件を最後に米軍人、軍属の事件がなくなりもうこれ以上私たちのような苦しみ、悲しみを受ける人がいなくなるよう願います。それは沖縄に米

琉球新報
高江 米軍ヘリ炎上
民間地で大破
CH53、住宅から200メートル
1区国場、赤嶺氏競る

『琉球新報』2017年10月12日

軍基地があるがゆえに起こることです。一日も早い基地の撤去を県民として願っています」との手記を２０１６年11月17日に発表しています。基地の撤去を願うのはこの被害女性の父親だけではありません。性犯罪の関係で言えば、２００５年７月３日早朝、米兵が小学生に強制わいせつ事件を起こした際、「こんなことは許せないと思った。県民の側に立ち命を守ってほしい」との思いから、１９８４年（当時17歳）の時に米兵３人に輪姦され、その後に自殺未遂を繰り返し、後遺症に苦しむ女性が当時の稲嶺知事に手紙を送りました。その手紙には「いったい何人の女性が犠牲になれば、気がすむのでしょうか?」「一日も早く基地をなくしてください」などと書かれており、この手紙の内容は国会でも問題となりました（この手紙については２００５年７月13日衆議院外務委員会参照）。

しかし安倍自公政権は、基地の撤去、新基地建設に反対する沖縄市民の声に耳を傾けることはありませんでした。それどころか高江で基地建設を強行しました。さらには愛知県をはじめとして、各県から派遣された警察官が基地建設に反対する市民に暴力的行為を行うなど、「基本的人権の尊重」を基本原理とする日本国憲法下では絶対に許されないはずの暴力行為が公然と行われてきました。

## 裁判所へのお願い

最高裁判所の初代長官であった三淵忠彦裁判官は、「国民のために良き裁判所をつくりたい。国民の基本的権利を裁判所はあくまで擁護する本務を常に堅持し、正義と公平の代名詞になることが第一だ。決して、政府官憲の手先になって国民を圧迫することがあってはならない」と述べています。「違憲審査権」についても、「これからは最高裁は従来の事件を取り扱うほかに、国会・政府の法律・命令・処分が憲法に違反した場合には、断固として、その憲法違反たることを宣言してその処置をなさねばならぬ」と述べていました。

日本国憲法では「基本的人権の尊重」を基本原理とするために「国の最高法規」（憲法98条1項）とされています。そして個人の権利・自由が侵害されるときには「憲法の番人」である裁判所にその救済の任務を委ねています（憲法81条）。

米軍や米軍人により、とりわけ沖縄では「平和的生存権」「環境権」が侵害されてきました。基本的人権を取り戻すために基地の撤去を求め、あるいは新基地の建設に反対する市民の行動に対しては、警察などが暴力的行為を行っています。憲法学徒として、それ以前に「人間」として、こうした暴力を絶対に許せません。ましてや愛知県の警察がこうした暴力行為の一端を担っており、そうした違憲行為・違法行為のために私たちの税金が費やされていると思うと、愛知県民としても極めて悲しい気持ちになります。２０１６年7月の参議院選挙が終わった直後、安倍自公政権が高江の新基地建設に着手することは沖縄の市民には自明のことでした。その時、新基地建設に反対する市民に警察が暴力的な対応をすることも、高江オスプレイパッド建設に反対する市民は想定していました。警察が暴力的な対応をとることが２０１６年7月の段階でも多くの市民が想定できる状況にあった以上、愛知県としても憲法36条違反の、近代国家ではありえない暴力的対応をすることが想定される警機動隊派遣は回避すべきでした。公務員には「憲法尊重擁護義務」（憲法99条）があるのです。にもかかわらず、高江オスプレイパッド建設に反対する市民への弾圧のため、愛知県は機動隊を派遣するという決断をしたのです。沖縄の市民に対して大変申し訳ない気持ちになります。

裁判所におかれましても、「人権の砦」「憲法の番人」としての役割を果たし、沖縄で言語に絶する苦しみを味わっている市民の救済に全力を尽くし、暴力的対応を行う警察などの憲法違反の行為に対してその違憲性・違法性を明確に宣言されることを心から望みます。

２０１９年２月７日　第８回口頭弁論原告意見陳述

# 伊江島の闘いと高江

小山初子

## 自己紹介

私は１９５４年沖縄県伊江島真謝（まじゃ）区米軍実弾演習場近くの米軍黙認耕作地（米軍基地内でありながら土地の耕作が黙認されている土地）で生まれ育ちました。中学卒業後島を出て、那覇で住み込みのお手伝いさんなどをやりながら定時制高校を卒業し、集団就職で名古屋に来ました。働きながら大学を卒業、現在はかわらまち夜間保育園の調理師を定年し、再雇用として働いています。

## 私が「訴訟」の原告になった理由

今回の高江ヘリパッドのことで、本土各県から派遣された機動隊が暴力的に無抵抗の住民を排除する映像を見て、かつて米軍が行った真謝区の土地取り上げの様子と重なり強い憤りを感じました。米軍の代わりに日本の警察が襲いかかってきたのです。高江と似た環境で育ったものとして私にできることはないかと思いました。

ヘリパッドが完成してしまうと訓練がもっと激しく行われ、人が住むことに大きな支障をきたすようになってしまう。高江の裁判に参加することは、私の故郷伊江島を守ることにつながると思ったからです。

私が懸命に働き支払った税金が、ヘリパッド作業を進める手助けをするために支出されたことにどうしても納得がいかないのです。

### 伊江島における銃剣とブルドーザーによる土地取り上げ

１９５４年6月、はじめての立ち退き命令が4軒に出され、米軍が軍用地を接収しようとしていることが明らかになりました。１５０軒あまりの住民が琉球政府・立法院に対し陳情を繰り返しました。

しかし、米軍は１９５５年3月11日、３００人余の武装兵を伊江島に派遣し、翌3月12日には、作業中止を懇願する並里清二さんを荒縄で縛り、嘉手納（かでな）基地に連行してしまいました。その2日後には家屋の接収を始め、かやぶき屋根に火を付け、ブルドーザーで地ならしを始めました。立ち退きをさせられた人々は米軍が用意したテントでの生活を強いられました。そして、米軍は実弾による演習をはじめ、民家近くへの爆弾落下や流れ弾による負傷事件が続出し、土地の補償もうやむやにされました。

住民は、生活に困窮し、演習地内に入って耕作を行うようになりました。白旗に「ここは私たちの土地であります。私たちは生きるために働きます」と英語、日本語両方で書いたのを掲げながら農耕をはじめました。米軍による砲弾落下、演習による山林火災が起きるなかで、生活を守るため命がけの行動でした。しかし、芋かす、ソテツ、お粥などの粗末な食事しか口にできず、大半の者が栄養失調なり、餓死者も出ました。


（米軍駐屯後の主な被害）

１９５９・９・６　　爆弾拾いで生活していた石川清鑑　比嘉良得　爆弾解体中に爆死

1960・3・4　西崎区の東江英一、大城敏一が弾拾い中、飛行機に銃撃され重傷を負う
1960・4・22　西崎区の金城茂治が、弾拾いで負傷
1960・7・11　西崎区の玉城保が、機関銃掃射で負傷
1960・12・2　西江上区の荻堂盛朝宅の豚舎近くに爆弾が落下
1961・2・1　真謝区の平安山良福が草刈り中、演習弾の直撃を受け即死。米軍は柵外にもかかわらず、柵内とし、賠償に応じなかった
1962・2・15　真謝区の石川清憲宅近くの畑に1トン爆弾落下。
1963・3・6　西崎区の民家近くに模擬爆弾落下

1955年6月以降、土地や家を奪われ、さらに家族（主に働き盛りの男性）が逮捕され（私の父古堅正広も逮捕されました。）生活に困窮した真謝区の住民は、「乞食行進」を始めました。那覇市の琉球政府前から出発し、米軍の卑劣な行為を訴えました。「安保条約によって、われわれの土地はとられた。家も仕事も、食べるものもない。どうすればいいか教えて下さい」と、那覇から糸満、国頭と1年あまり行進を続けました。

阿波根昌鴻（あはごんしょうこう）著の『米軍と農民』（岩波新書）156頁には11月18日「演習が終わった午後5時5分、演習場柵外で農耕に行くため待っていたところをいきなり逮捕され、同月25日、コザの米軍即決裁判で知念武春が罰金1000円、古堅幸盛、石川清隆、古堅正広2500円、懲役3ヶ月が言い渡され、4名は沖縄中央刑務所に送られました」とあり、父古堅正広も逮捕されたことがわかります。この土地闘争では真謝の全戸の世帯主が血判状を守って押し、お金も出し合って闘いました。私の家は祖父古堅太郎が親指を押し、募金もしています。

しかし、米軍に同調する立法院内の多数によって、1958年12月、米軍の求める土地契約を承認し地代の一括払

いを認める法律が通過しました。このことは伊江島のたたかいに微妙な影響をもたらしました。やむなく契約した地主と断固として契約しない地主の二つに分かれてしまったのです。

私の家は土地が返らないのなら仕方がないと土地契約を承認し、地代の一括払いを受けたようです。しかし、7人家族が生活していくには不十分な金額であり、父は農家の手伝いなどをして日銭を稼いでいました。私は米軍の演習が終わる午後5時から友だちと演習の爆弾投下で飛び散った破片を拾ってお金に換えていましたが、それでも足りず生活保護を受けていました。

今も伊江島の3割強が米軍基地になっています。バラシュートによる投下演習では、農作業中の人の近くに物が落ち、上を見て農作業しないと危ない状況です。オスプレイの騒音で、牛が大きくならない、子どもたちが騒音に怯えて寝つけないということもあるようです。

『写真記録 人間の住んでいる島』阿波根昌鴻著（政府前座り込樹の家族）

**まとめ（私の言いたいこと）**

１９７２年の本土復帰で、平和憲法である日本国憲法が適用されるようになり、米軍基地も順次縮小し、いずれは撤退するのだと思っていましたが、里帰りのたびに目にする光景は、広々とした米軍基地、近くで轟く米軍の射撃訓練、米軍の事故も多発していました。

愛知県に住んでいると沖縄の情報があまり伝わってこず悶々としていました。私が作った給食を「おいしい！明日も作ってね」

と無邪気に話しかけてくる保育園の子どもたちを見ていると、この子どもたちの未来を守りたい、同時に沖縄の子どもたちも穏やかな環境で育ってほしいと思いました。

そんな中、1995年9月沖縄で米兵による少女暴行事件が起きてしまいました。被害者は娘と同じ小学生でした。「娘が被害にあっていたかもしれない」と思いました。故郷のことは気にしつつも現実に目を背けてきたとの後めたさを感じました。

愛知県内住む沖縄出身者や沖縄のことを好きな人に声を掛け、1996年沖縄問題を考える「命（ぬち）どぅ宝（たから）あいち」を立ち上げました。「命どぅ宝」とは命こそ尊いという意味です。その縁で里帰りツアーをやるようになり、一緒に沖縄に行った人は「行ってよかった」「テレビではわからない実際の沖縄を知ることができた」と言ってくれました。

私の父や祖父は、苦渋の判断で土地契約をし、「賛成派」になったのですが、心の底で決して米軍を許しているわけではないことも大きくなるにつれてわかってきました。

本土復帰が視野に入ってきた私が中学3年生の夏休みのある日、祖父と畑にかぼちゃの収穫に行ったとき、演習場のフェンスの中を指差して「あの中に家があった。あそこが母屋で、便所だった。あそこが戻ってきたら……」と言っていたことが鮮明に記憶に残っています。

自然環境だけでなく、住環境も一度破壊されると元に戻ることはできないのです。どうか私を含めた原告の意見を組んでいただき、適切な判断がなされることを期待します。

２０１９年４月24日　第９回口頭弁論原告意見陳述

# 戦争は障害者を生み出す最大の暴力

寺西　昭

## 自己紹介

私は先天性の視覚障害者です。１９７０年に福岡県で生まれました。中学2年の時に失明し、それからは全盲です。１９９４年から盲学校の教員として名古屋で働いています。

私は、妻と長男、長女と生活しています。妻もほとんど視力のない視覚障害者です。２人の子どもには障害がありません。

子どもたちには、平和のなかで主体的に生きていってほしい。私と妻は、そんな思いから平和運動に取り組んできました。子どもたちの時代の平和は子どもたちが考え行動し方向づけていくものであり、親ができることは、平和の問題を自分の頭で考えられる材料を子どもたちにもたせることだと思い、色んな場に連れて行くようにしています。

## 辺野古での体験から

２０１５年８月、私は家族４人で沖縄を訪れました。米軍嘉手納基地を離発着する戦闘機の音をフェンスの外から聞いたり、米軍キャンプシュワブゲート前で座り込みしている人たちに混じり基地建設反対の意思を示しました。その旅行の折、辺野古の「浜のテント」での出来事です。私は、辺野古や沖縄の米軍基地について説明を受け、「ここで学んだことを、愛知に帰って周りの人たちに伝えます」と言いました。すると、米軍の訓練の話をしてくれた人が「あなたたちは本土からやってきて、沖縄の実態を知った直後は運動するけれども、ほとんど長続きしない。沖縄は、ずっとずっとたたかい続けているんだ」と、強い口調で言われました。この言葉は私の頭から離れず、沖縄問題に関心を強める一つの原点となっています。

## 高江を守れ！名古屋アクションに参加して

２０１6年に再開された沖縄高江のオスプレイ着陸帯の建設工事は沖縄の民意を踏みにじるものでした。6月5日に行われた沖縄県議会議員選挙では、基地建設反対派の議員が過半数を占めました。7月10日の参議院議員選挙でもオール沖縄の伊波洋一氏が当選しました。保革の枠を超えた共闘が、辺野古新基地建設反対の県民の意思をくみ取った結果でした。

しかし、参議院議員選挙で圧勝した安倍自公政権は、沖縄東村高江のオスプレイ着陸帯建設の強行に踏み切り、沖縄に対する異常な強権政治を加速させました。このような政治は、地方自治と民主主義、県民の尊厳を根底から踏みにじるものです。

高江のオスプレイ着陸帯建設が強行的に進められたことに我慢できなかった愛知の仲間たちが「高江を守れ！名古屋アクション」を始めました。週に一度1時間、名古屋市中区栄の路上でスピーチ、音楽、踊り、演劇、語り、チラシ配り、シール投票をします。２０１6年7月30日に第1回が実施され、１３9回目を迎えました（２０１9年4月当時）。私は第2回から参加し始め、１０7回参加しています。

うだるような夏の暑さ。暴風。大雨。雪がちらつく寒さでもアクションは行われます。いやなこともあります。「日本が有事になったら、自分は進んで戦地に行く」と主張する若者もいました。アクション参加の仲間は「沖縄に犠牲を押しつけるのはもういやです」「戦地に行ってくれる誰かに犠牲を押しつけるのはもういやです」「米軍の人だって自衛隊員だって、傷つき死んでいい人はいません」と、市民一人ひとりにそれぞれの言葉で話しかけています。

アクションの最後には、勝利のラインダンスをみんなで踊っています。目の見えない私は踊るのは苦手ですが、歌うのは好きです。歌える人は歌えばいい、踊れる人は踊ればいい。アクションの仲間たちは常に、一つにまとまるために違いをどう乗り越えていくかを考えているのだと思います。一つにまとまるために違いをどう乗り越えていくか。「オール沖縄」に通じるものがあるのかも知れません。

毎週開催される三越前での名古屋アクション

## 高江でのIさんの経験から訴訟に参加

高江に住む人々は、自然のなかで静かに暮らしたいと思ってこの土地に住んでいます。地元の人は、ただただ、静かで安全な森を守りたいと思い座り込みに参加していると思います。わずか百数十人しか人がいない辺境の土地。国策に伴う米軍基地の負担を少数者に覆い被せる。政府が弱者に負担を覆い被せることが、どこか障害者差別の構造に似ているような気がしてなりませんでした。

高江の座り込みに参加した友人のIさんから聞いた体験談を述べます。Iさんも私と同じ全盲の視覚障害者で私より9歳年下の男性です。

以下はIさんの話を私が要約しました。

２０１６年11月14日午前9時過ぎだったでしょうか、道路上から歩道に排除されました。初めてのごぼう抜きを経験しました。

最初は両側から2人の機動隊員にかかえ上げられました。私が「痛い」と言ったので、いったん中止されました。次は、私が右手に持っていた白杖から、指を1本ずつ外そうとされました。白杖は私の目の代わりです。それを奪われそうになりました。機動隊員はそのことの意味をわかっているのでしょうか。ごぼう抜きされたとき、今から自分に何をされるのか説明もなく、どれだけの距離を力づくで移動させられたのか、その場所がどこなのか、自分で帰ることができる場所なのか、全盲の私が知る方法などありません。そのことも、機動隊員は理解しているのでしょうか。言いようのない怒りと屈辱が私の頭をグルグルと巡っていました。この日の午前中、10トンや20トンのダンプで延べ55回の土砂搬入が行われ、空からの搬入もあったと報道されました。

ここまでがIさんの話です。

機動隊員は、国家から命令されているからこんな暴力行為をやっていいのでしょうか。その後、友人のIさんが傷つけられ辱(はずかし)められたあの現場に、愛知県警機動隊がいたと知りました。居ても立ってもいられなかった私は、友人を頼って2017年5月15日の住民監査請求、7月26日の本訴訟提訴の当事者に加わったのです。

## 高江から戦争の足音が聞こえてくる

全視協（全日本視覚障害者協議会）はいつも「戦争は障害者を生み出す最大の暴力」と訴えていました。このメッセージに私は心の底から共感しています。戦争をするためには、人間に序列をつけ、差別が横行する必要があると思います。みんなが平等、自国も他国も平等では戦争ができないのです。

「遺伝性障害は生涯にわたってお金がかかります。それはあなたのお金です」と訴え、障害者を安楽死させることを促したナチスの月刊誌は、1930年代後半、ドイツ国民に大きく支持されました。

１９３９年以降、20万人の障害者がガス室で殺されました。その後ナチス・ドイツは、ユダヤ人の虐殺へと暴走していったのです。

障害者に刃が向けられるとき、戦争の足音が聞こえてくる。そんな皮膚感覚を、障害者の私は持っているのかも知れません。私は、高江のヘリパッド着陸帯建設現場から戦争の足音が聞こえてくるような気がします。

**県税を費やすのは違法**

愛知県警機動隊は、政府の方針に追従し沖縄に派遣されましたが、愛知県民である私たちには何の説明もありません。愛知県の財政から支出する合理的理由を、私にわかるように説明してほしいです。

「沖縄タイムス」２０１７年3月19日付け記事には、２０１６年7月以降、四つのヘリパッド建設工事の警備のために59億７７０万円を要すると書かれています。そのうち、9月20日から3月31日までにかかる警備会社の費用が33億９０００万円と記されています。１日当たり１７７５万円。高江の工事に手を貸した５００人もの機動隊員の費用は、派遣した都府県が負担しているのでこれには含まれていないと思います。ホテル代と人件費を合わせて１日２万円としても、５００人＊１８０日で18億円になります。高江に住む人の人権を踏みにじり、米軍基地建設に反対する人の人権を踏みにじり、基地建設に賛成していない愛知県民に無断で県の税金を投入する。何から何まで違法だと私は思います。

**おわりに**

平和的生存権が脅かされる社会、世論を醸成しても政府や県行政がそれを無視する社会、差別が助長され指導者に利用される社会、軍拡のために教育予算や社会保障予算が削られる社会。私は絶対に受け入れられません。国政、愛知県政のゆがみを質すため、沖縄高江への愛知県警機動隊派遣は違法であったと認めてください。

2019年11月11日　第12回口頭弁論原告意見陳述

# もうこれ以上加害の立場に立ちたくない

山本みはぎ

## はじめに

私は、1978年に名古屋に来て以来、一市民として長年、平和運動に関わってきました。この訴訟では原告団事務局長として、志を同じくする仲間に支えられながら裁判を続けてきました。

2016年7月に全国6都府県から機動隊約500人が沖縄県東村高江に派遣暴力によってヘリパッド建設工事が強行されていることを、当時現場に行っていた友人からのリアルタイムの報告で聞きました。居ても立ってもいられなくなり、愛知県警への派遣中止の申し入れ、県議会に沖縄県・高江への機動隊派遣中止を求める陳情書の提出等を行ってきました。

私のこれまでの活動、生き方を考えれば、高江への機動隊派遣を見過ごすことはできないと思い、2017年5月に921名の請求人の名前を連ね、愛知県監査委員に対して地方自治法に基づく住民監査請求を行いました。しかし、監査委員がこれを却下したため、同年7月26日、原告211人で本件訴訟を提起しました。

**不戦へのネットワークの活動を通して取り組んできたこと**

私は、１９９４年12月に仲間と立ち上げた「不戦へのネットワーク」という平和団体を中心に戦争責任や歴史認識の問題、日本の軍事化や憲法の問題について運動をしてきました。このネットワークが１９９５年に開いた連続講座のテーマの一つが沖縄の問題でした。講座開催の直後の９月、沖縄県で米兵による少女強姦事件が起きました。この事件を契機として沖縄では女性たちが行動を起こし、「基地の整理・縮小と日米地位協定の抜本的な改定」を求める県民大会も開かれました。95年10月に沖縄出身の平良一器さんと典子さんの話を聞く会を設けました。

平良一器さんは、「幼い少女が悲惨な事件の犠牲者になって初めて沖縄の現実が語られる」と、私を含め本土の人間が沖縄で起きている基地や軍隊よる人権侵害の状況にどれほど鈍感で無関心かを悲痛な言葉で言われたのだと私は受け止めました。

１９９６年12月のＳＡＣＯ合意は、沖縄県民の切実な願いである基地縮小を実現するというものではなく、名護市辺野古に新たな海兵隊基地を作るという、欺瞞に満ちた内容でした。高江のヘリパッド建設の発端もこのＳＡＣＯ合意です。このことは、日米両政府が引き続き沖縄の基地を維持し続けるという宣言だと受け止めました。

１９９７年には使用期限が切れる米軍軍用地の問題で、日本政府は「駐留米軍用地特別措置法」（特措法）を改悪し、県知事と反戦地主、収用委員会を無力化し、政府の判断で基地のために強制的に土地を使用できるようにしました。特措法が参議院で審議された１９９７年４月17日、私は国会前にいました。集まった人は約７０００人。少女暴行事件の以後、盛り上がった運動は大きく後退し、衆参両院とも９割の議員が賛成して成立しました。

沖縄の人たちの「基地のない平和の島を」という声を、政府は握りつぶしてしまったし、本土に住む私もまたこの声を受け止め切ることができなかった、という自責の念と悔しさ、憤りの気持ちを今も忘れることができません。

安倍政権は「沖縄の負担軽減」「沖縄の民意を尊重する」と呪文のように唱えるだけで、県民投票やいくつかの国政選挙で示された、「もうこれ以上基地はいらない」という民意を無視して辺野古の新基地建設を進め、高江のヘリパッド建設を本土の警察権力を使って強行しました。愛知県警の機動隊派遣は、私を含む愛知県民に対して、沖縄に対する加害者として立つことを強いるものであり、それは私の中で絶対に認めることはできません。

**環境破壊、住民の生活を破壊するヘリパッド建設は許されない**

私は、高江には、2016年11月に行きました。機動隊による不当な検問も受けました。県道70号線では車両が止められ大渋滞になっていました。N1ゲート前では、資材搬入のダンプを阻止するために座り込みをし、機動隊による暴力的なごぼう抜きも受けました。愛知県警は北部訓練場のメインゲート前にいたのを目撃しています。非暴力で抵抗をする住民を強制排除し、理由のない検問を行うなど、高江での機動隊の活動は到底許されません。また、この裁判で、警察を管理する公安委員会が全く機能をしていなかったという驚くべき事実も明らかになりました。このことを許せば、警察はまた、時の政権に異を唱え抵抗する人たちを弾圧する戦前の国家警察のようになります。高江の機動隊派遣がすでにその役割を担っていたと言っても過言ではありません。派遣決定の経緯、高江での活動を見れば、愛知県警の機動隊派遣は違法であることは明らかです。

高江上空を超低空飛行で飛ぶオスプレイ

私は、高江で、オスプレイが電線に接触するのではないかというほど超低空で飛行をしているのも目撃しました。オスプレイは、普天間基地に配備された後、伊江島の訓練施設で空母艦載機着陸訓練や、北部訓練場や中部訓練場、嘉手納飛行場、周辺の離島で訓練をしています。特に高江を含む北部訓練施設では、低高度（地上15〜60メートル）の訓練も実施しています。

　２０１６年12月、名護市安部の海岸に墜落し、県民が心配をした事故が現実になりました。また、２０１７年には米海兵隊普天間基地所属のＣＨ53Ｅ大型ヘリが高江の牧草地に墜落するという事故も起きています。本訴訟の証人尋問で、高江に住む安次嶺現達さんや伊佐育子さんの証言にあるように、ヘリパッドの建設でオスプレイなどによる騒音や低周波、墜落の危険で生活を破壊され、住居も移動しなければならない実態が明らかになりました。

　日米地協定により航空法も適用されず高江の上空は米軍が好き勝手にする無法地帯です。また、人への影響だけではなく、やんばるの森の希少な生き物たちや自然環境も破壊が進んでいることも、宮城アキノさんの証言で明らかになりました。

　愛知県警をはじめとした機動隊派遣で強行されたヘリパッドで行われる訓練は現在進行形で高江の住民を苦しめ、生き物や自然環境を破壊し続けています。


**沖縄に犠牲を強い続ける「私の怒り」として裁判に取り組む**

　裁判では、私たちは様々な活動をしてきました。口頭弁論のたびに傍聴席に多くの市民に来ていただくこと。毎回の口頭弁論の前には、より沖縄を知り裁判の意義を深めようと裁判前学習会を必ず行いました。その回数は13回になります。原告、サポーターに向け毎回ニュースを発行してきました。２０１８年2月、２０１９年3月には二度にわたり弁護団・原告団での沖縄現地調査を行いました。私たち原告は、高江のヘリパッド建設のための弾圧に加担させられたくない、自分たちの税金を機動隊派遣に使われたくない、機動隊の派遣は戦争のための基地建設に加担することで、加害者になりたくないという共通した想いをもって臨んでいます。またこの裁判は、原告以外にもサポーターとして裁判の傍聴やカンパで支援してくださる方々が３００人以上います。

いまも在日米軍基地の70％を沖縄に押し付け、基地があるゆえに起きる事件・事故で犠牲を強い、県民の多くが反対をしている辺野古新基地建設を強行し、さらには警察権力を使ってまでヘリパッド建設を強行するという沖縄に対する構造的差別は何ら解消されていません。沖縄の人たちは、米軍による土地の強制接収に対し、伊江島の闘いをはじめ、島ぐるみ闘争で闘い、今も辺野古新基地建設を阻止する闘いをオール沖縄で継続しています。高江の住民の闘いも、自分たちの力で民主主義や平和に生きる権利を闘いとるのだという強い思いだと思います。

２０１６年7月28日に「中日新聞」に掲載された特集記事「平和の俳句」の中に、津島市在住の39歳の女性が詠んだ次の句が掲載されました。

「沖縄の怒りではない　私の怒り」

私もまた、他の原告の皆さんと同様に、もうこれ以上加害者の立場に立ちたくない、沖縄の怒りを共有しつつ「沖縄の怒りではない　私の怒り」としてこの裁判を取り組んできました。

愛知県警の機動隊派遣は、高江の住民の方たち一人一人の平和に生きる権利を奪っているということを改めて訴えます。裁判所が、沖縄の現実を見つめ、愛知県警による機動隊派遣が違法であるとの明確な判断を示されることを訴えて、私の陳述とします。

2020年11月18日　控訴審第１回口頭弁論原告陳述

# 沖縄戦の実相から

**秋山富美夫**

## はじめに

原判決は、本土政府によって辛酸をなめさせられてきた沖縄の歴史と沖縄県民の痛みを一顧だにしないばかりか、さらに沖縄県民に対して背筋が凍るような痛苦を強いるものであります。沖縄県民の痛みを想像したとき、本土に暮らしてきた私ですらも、原判決を受け入れることは到底できません。以下、「沖縄戦」の史実をもとに、本土政府がいかに沖縄県民に対して辛酸を強いてきたか、それに対する現在の沖縄の闘いの歴史的必然性、正当性について陳述します。

## 教員として生徒に伝えたかったこと

私は愛知県立高等学校で39年間、「世界史」の授業を担当してきました。その終わりの10年間は、「非暴力・不服従の系譜」というテーマでその年度の授業を締めくくることにしていました。インド民族運動の指導者、「マハトマ（偉大な魂）」と尊称されるガンディー、また、アメリカ公民権運動の指導者、〝I Have a Dream（私には夢がある）〟の演説

廃墟となった首里城周辺（沖縄公文書館提供）

で有名なキング牧師、さらに、南アフリカ共和国の白人政権による「アパルトヘイト」（人種隔離政策）に対して、27年間にも及ぶ獄中生活にも屈せず闘いつづけたネルソン・マンデラ。彼らの生涯と思想を語りました。彼らには共通するものが二つあります。一つは、国家による暴力を受け続けても、生涯「非暴力・不服従の抵抗」を徹底させ、最終的な勝利をもたらしたことです。二つは、過酷な人種差別・民族差別を受け続けたにもかかわらず、彼らがめざしたのは「全人種、全民族、全国民」の「和解と協調」であり、結果、「憎悪と暴力の連鎖」を断ち切りました。私が、最終授業で「非暴力・不服従」をテーマとした理由を話します。基地や兵器、軍隊は平和を創りましたでしょうか。夥しい人々の人権と生命を破壊しただけではありませんか。差別、貧困、抑圧から人々を解放し、歴史を正しく前進させたのは「非暴力・不服従の抵抗」だった、このことを生徒たちに伝えたかったのです。

### 沖縄戦の戦跡を歩いて

私が高江と辺野古で見たのは紛れもなく「非暴力・不服従の抵抗」でした。座り込んでいる高齢の方々、オジィ、オバァと尊称される方々が、屈強な若い4、5人の機動隊員によって手足、頭を拘束されて機動隊車両の裏側の狭いスペース、さながら「檻」のようなスペースに運ばれ閉じこめられる。それでも、暴力に対して暴力で返すことはない。このように体を張ってまで抵抗しつづけるのはなぜか、その日焼けした顔の深いシワにはどのような歴史が刻まれているのだろうか、と思いました。

ある夜、那覇の小さな食堂で店員から「翁長知事の『イデオロギーよりもアイデンティティを』という言葉が好き」

と聞きました。「沖縄のアイデンティティ」とは何であろうか、沖縄出身の知人に問うと「沖縄戦という共通体験ではなかろうか」と教えてくれました。

世界史を教えてきた私ですが、「沖縄戦」についてはあまりにも知らなさ過ぎました。そこで私はこの５年間に６回、延べ26日間、沖縄戦の風化しつつある戦跡を訪ね歩きました。その結果わかったことは、アジア太平洋戦争末期、１９４５年3月末から約3ヶ月間繰り広げられた「沖縄戦」、それは他に類をみない戦争だったということです。例えば、開戦から2ヶ月後の5月下旬には沖縄守備軍の敗北は決定的となっていました。しかし、大本営は守備軍に対して首里城地下の司令部壕から南部への撤退を命令したのです。大本営は、天皇を頂点とする日本型ファシズム体制を維持するため、本土決戦を1日でも遅らせるよう、アメリカ軍を沖縄に釘づけにする作戦をとったのです。まさに沖縄は国体護持のための「捨て石」とされました。6月23日の守備軍による組織的戦闘が終結するまでの1ヶ月間は、アメリカ軍にとっては「掃討戦」でしかありませんでした。沖縄県民の戦没者は14万9０００人余り、４人に１人が犠牲になり、その3分の2は南部戦線でした。1ヶ月早く降伏しておれば、この方々、10万人の方々は南部で生命を落とさずに済んだのです。昭和天皇、大本営をはじめ当時の国家指導者たちの責任は極めて重大です。

「沖縄戦」の異常さは他にもあります。「水上特攻艇」というベニヤ製のボートが沖縄に８００隻配備されていました。乗員は10歳代後半の少年が一人です。２５０kgの爆薬を積んで敵艦に体当たりさせる。少年の生命を兵器としたのです。沖縄には８００人以上の少年が配置されていました。また、住民の「集団自決」が沖縄県全体で33件発生し、その犠牲者は１１２２名に及びます。日本軍から渡された手りゅう弾で、あるいは鎌や鍬、カミソリで、親は子を夫は妻を、若者は年寄りを殺害したのです。大江健三郎氏の著作『沖縄ノート』をめぐる訴訟では、「集団自決には日本軍が深く関わった」とする判決が確定しています。さらに、日本軍による住民虐殺が相次ぎました。件数は46件、犠牲者は１６８名に及びます。日本兵による食糧強奪などに抵抗する住民や軍民雑居壕で泣く乳児を殺害し、また投降して捕虜になろうとする住民をスパイだとして虐殺しました。
高江・辺野古で座り込んでいる高齢者の多くは、このような沖縄戦の体験者です。「基地があり軍隊があれば、そこは戦場となる。軍隊は住民を守らない」。このことを身をもって知る体験者だと思うのです。

**やんばるの戦争—護郷隊の実相に触れて**

辺野古がある名護市、高江がある東村は、いわゆる「やんばる」にあって、沖縄戦当時は北部戦線が形成された地域です。北部戦線については長年、闇の中にありましたが、沖縄戦から70年が経ったころから体験者が語り始めました。次々に明らかにされてきた衝撃の事実の中から一つ、「護郷隊」について触れます。「護郷隊」とは陸軍中野学校出身の青年将校たちが「天皇の勅令」によって編成した少年ゲリラ兵部隊です。「やんばる」の村々から、14歳から17歳の少年たちを招集し、陰惨な軍事教練によってゲリラ兵に仕立てました。「一人十殺」を命令し、「やんばる」の山岳地帯で米軍に対するゲリラ戦を展開させたのです。あまりにも凄惨な体験のために、生き残った少年たちは戦後70年間、固く口を閉ざし、護郷隊の存在は封印されてきました。現在、少しずつ護郷隊の実態が明らかになっています。第一護郷隊は約500名が招集され、戦死者は95名です。第二護郷隊は393名、戦死者は70名です。「やんばるの戦争」の凄惨さはこの少年たちの戦死者数が物語っています。第二護郷隊に招集された東村の少年だけでも24名が戦死しています。東村高江、名護市辺野古で座り込み続ける高齢者は、この少年兵たちと同世代なのです。日焼けした顔の深いシワには「沖縄戦、とりわけ『やんばるの戦争』」の実体験が刻まれているように思われてなりません。この実体験が、体を張ってまで「非暴力」の抵抗をつづける淵源にあるのではないかと思います。

**私の夢—沖縄が東アジアの和解と協調、平和の『象徴』となる日**

摩文仁（まぶに）の平和祈念公園には「平和の礎（いしじ）」が建立されており、沖縄戦の戦没者24万名余りが刻銘されています。その中には敵国であったアメリカ兵１万４０００名余り、イギリス兵80名余りも刻銘されているのです。世界には自国の戦没者を追悼する施設は珍しくありません。しかし、敵国の犠牲者をも追悼する施設は沖縄の「平和の礎」だけです。私はこれを「沖縄のこころ」と呼ぶことにしています。

キング牧師は〝I Have a Dream〟と夢を語りました。私にも夢があります。それは、「沖縄が東アジアの和解と協調、平和の『象徴』となる日がくる」ことです。「沖縄戦の体験」と「沖縄のこころ」を顧みたとき、沖縄が東アジアの「平和センター」にならなければならないと思うのです。辺野古に新基地が完成し、辺野古の既存弾薬庫や高江のヘリパッド、北部訓練場と一体的に運用されれば、世界最大の軍事要塞となります。それは東アジアには脅威でしかなく、この地域における平和の構築に逆行するものです。

この軍事要塞の建設に加担させられている若い機動隊員、命令と服従の組織の中を生きるしかない彼らは、無表情に「排除」を行い、無表情に人々を〝檻〟の中に運ぶ。数年前までは高校生であったはずです。あの青春の日々の無邪気な表情をどこに置き忘れてきたのでしょうか。高校教師であった者として残念であり悔しくもあります。無力感さえ覚えます。この若者たちに人間らしい表情が戻る日が来るとすれば、それは東アジアに平和が構築される日であろうと思います。その「日」に向けてのターニングポイントが「名古屋高等裁判所の判決」であった、と東アジアの人々が振り返り、手を取り合ってさらに前に進む、そんな日、そんな時代が来ることが私の夢であります。

2021年2月2日　控訴審第2回口頭弁論原告意見陳述

# 「命どぅ宝」の思想に貫かれた戦後沖縄の民衆の抵抗の歴史を通して司法の責任を問う

**服部（具志堅）邦子**

**沖縄の抵抗の歴史を否認する一審判決は容認できない**

昨年3月18日の原審判決は、日本における沖縄県の歴史的特殊性や新たな基地建設に反対する沖縄県民の意思を一切無視したうえ、沖縄の民意の一つの表現方法としての非暴力による「座り込み」を、取り締まりの対象としてしか捉えず、機動隊の派遣を是認しました。しかも、鈴木誠警備課長補佐の証人尋問により常態化していることが明らかになった「公安委員会の審査を経ない警察本部長の専決による派遣決定」も許容しています。警察の民主的管理を保障する公安委員会制度の軽視は、これこそ愛知県民として納得しがたいものです。

沖縄は戦後長くアメリカの軍事占領下で憲法のない状況に置かれ、1972年に施政権返還を遂げたものの、未だに沖縄の基本的人権、平和的生存権、環境権、自治権が日米地位協定によって阻まれ、沖縄は今も憲法の枠外に置かれたままです。

沖縄戦の後も米軍占領下を生き抜くため、自らの土地や暮らしを守るため、否応なく伝統となった非暴力直接行動を今なお余儀なくされ続けている沖縄を思う時、とうてい容認できる判決ではありません。

およそ3年の歳月をかけた裁判で弁護団による憲法理論の展開は沖縄に憲法の光を当てたものでした。私はひそかな希望を持って原審判決を待っただけに失望と怒りは大きなものでした。

しかし、沖縄戦はじめ人類の歴史の反省から生まれた平和憲法の実体化と司法の力をあきらめるわけにはいきません。改めて控訴審に期待し陳述を続けます。

**沖縄民衆の抵抗の歴史は「テロ行為」とは無縁—コザ騒動を検証する**

私は２０１７年2月と7月に愛知県警察本部長に対し「愛知県警機動隊の沖縄・高江派遣に関する支出について」の時間外勤務手当と装備運搬費用、特別勤務手当と出張手当の行政文書開示請求を行いました。時間外勤務手当など一部開示があったものの、多くが黒く塗られ不開示とされました。

不開示の理由は「公にすることにより、テロ行為を敢行しようとする勢力等が過去の実例などを研究、分析するなど将来におけるテロ等の犯罪行為を容易にし、今後の警備実施などに支障を及ぼす恐れがあると認められるため」となっていました。

沖縄の民衆による抵抗の歴史を振り返るなら、かつて米軍が行った銃剣とブルドーザーによる弾圧行為と基地建設強行を、今度は日本政府が行っているとしか見えません。沖縄の民衆による抵抗を「テロ行為」であるとして、警察組織を使って抑圧し、沖縄の民意を蹂躙し、基地建設を強行しているのですから。

今一度、「命どぅ宝」の思想に貫かれた戦後沖縄の民衆の抵抗がいかにテロとは無縁であるかを訴えたいと思います。

１９７０年12月20日に起こった米軍車両焼き討ち事件、いわゆる「コザ騒動」です。「コザ騒動」に関与した住民数名は、返還後の１９７５年6月17日に判決が言い渡された刑事裁判において執行猶予付き有罪判決を受けています。

沖縄の非暴力直接行動を訴えるとき「コザ騒動」は一見不利とも思えるテーマであるわけですが、軍事植民地化の沖縄の状況が、地域に生きる者たちの尊厳を根こそぎ奪うことについて深い悲しみと強い怒りを共に持ち、日本国憲法の庇護のない軍事植民地化でのギリギリの抵抗の表現として、あえて取り上げるものです。

コザは東アジア最大の米空軍基地、嘉手納(かでな)基地の門前町として賑わいアメリカの音楽文化や沖縄民謡、多くの芸能を生み出した混然とした街です。ベトナム戦争当時は、黒人街白人街にわかれ、毎週のように抗争があり住民が巻き込まれるといった物騒な街として、当時田舎の高校生だった私は決して近寄ることはありませんでした。

事件を知ったのは、「沖縄戦後史の最大の民衆蜂起」として語り継がれるようになってずっと後のことです。当時、軍事植民地状態の沖縄で琉球警察は捜査権を持たず、米軍法会議で加害者が無罪になったりアメリカへ帰ったまま未解決になるケースが後を絶ちませんでした。米軍軍属による犯罪は年間1000件を超えたといいます。

その一例に、糸満女性轢殺(れきさつ)事件があります。騒動の3ヶ月前、本島南部の糸満町で飲酒とスピード違反の米兵が糸満ロータリー付近で、歩道に乗り上げて沖縄人女性を轢殺する事件でした。地元の青年たちは事故直後から十分な現場検証と捜査を求め、現場保存のため1週間にわたってMP（米憲兵）のレッカー車を包囲し事故車移動を阻止しました。

地元政治団体とともに事故対策協議会を発足させ、琉球警察を通じてアメリカ軍に対し司令官の謝罪・軍法会議の公開・遺族への完全賠償を要求しました。しかしこの住民による要求は無視され、軍法会議は1970年9月被害者への賠償は認めたものの、加害者は証拠不十分として無罪判決を下しました。沖縄人の多くがこの判決に憤り、12月16日に糸満町で抗議県民大会が開かれました。

「コザ騒動」のその日も、騒動の発端は米兵による交通事故でした。郡道を渡ろうとした住民を米兵の車がはね、事故処理にあたった2名のMPが、近くの歓楽街から駆けつけた人々に威嚇射撃をしたのをきっかけに群衆が膨れ上がり、その近くで沖縄の人の運転する車に、米軍人の車が追突したため、さらに群衆が怒りだし数千名に膨れ上がった群衆がＭＰの車をひっくり返し火をつけました。

当時騒動を目撃したり参加した人々が共通して語るのは、約80台の車両を焼き払ったが、すべて米軍登録のイエロープレートに限られたことです。そして群衆は車に火をつける際に、車から米兵を引きずり出し保護していました。また米軍内で差別を受けている黒人の車は火をつけずそのまま通しました。近隣に被害が及ばないよう米軍車両を道路の中央に移動させてもいます。「騒動には不思議な秩序があった。略奪は起きず、死者も出なかった。興奮の中に冷静さがあった。決して暴力は人間に向かわなかった」と語り継がれています。

コザ騒動　（写真提供那覇市歴史博物館）

## 「コザ騒動」に対する裁判所の理解

沖縄の闘いは常に人を殺めない、その状況ぎりぎりの抵抗権を行使したものです。録音された現場の悲痛な声が残されています。「沖縄はどうしたらいいのか。沖縄も人間じゃないか」。「コザ騒動」に関わった住民に対して言い渡された判決では、弁護側が抵抗権に基づく無罪を主張をしました。これに対し、裁判所は「被告人らはいずれも旧コザ市、読谷村という嘉手納空軍基地の周辺に居住していて、米軍基地とのかかわりあいを有し、米軍基地の影響を受けているような事情も見受けられること、沖縄住民を被害者とする米軍人の交通事故の取り扱いについて事件処理に当たっていたＭＰに多少なりとも公正さを疑わしめるような態度が見受けられ、前期のごとき糸満町における無罪判決もあってこれが被告人らを含む群衆の感情を刺戟し、その結果いわゆる群集心理が作用して前期のごとき事件まで発展した経緯等に鑑みるとき被告人らが犯行に加担するに至った心情は理解するに難くない」と述べました。結果的に「コザ騒動」においては抵抗権に基づく無罪主張は認められませんでしたが、裁判所も、軍事植民地化された沖縄で、住民がやむにやまれぬ心情に至って抵抗行動に至る心情を「理解するに難くない」と述べました。「コザ騒動」の1年後、1972年5月15日に沖縄の施政権は日本に返還されますが、70％の米軍基地が集中する沖縄の不条理は変わっていません。沖縄は抵抗を余儀なくされています。

**沖縄の不断の努力に司法は応えよ**

高江では、大阪府警から派遣されてきた機動隊員が住民に「土人」「シナ人」と暴言を吐き、住民による抵抗を蹂躙しました。元警察学校長の田村正博氏は「米軍基地をめぐる問題のように対立関係になるような場面ではほかの都道府県警察が応援するのを当然視するのはよくない。そういう構図が一番いけない」と言っています。

当時、沖縄県公安委員会に高江の「警備」の必要性を具申した人物がいます。警視庁警備局のキャリア警察官僚重久真毅です。本件と同様、機動隊派遣の違法性を問うた東京の裁判において証言に立ちました。在フランス日本国大使館の一等書記官として勤務していた重久は、2016年6月24日に沖縄県警に出向して警備部長に任命され赴任しました。赴任後わずか10日あまりで沖縄県公安委員会に「沖縄県警察では十分な対応はできない」と説明し「危険かつ違法行為」が高江の現場で存在しないことを知りながら機動隊の大量派遣を推し進めています。（甲93・重久調書参照）

沖縄の自然や歴史、民意を足蹴にし自治体警察の主体性を軽視した警視庁主導による派遣決定は国策に沿うものであり、警察法2条2項の趣旨に反しています。原審で愛知県警の機動隊派遣の決定を公安委員会が事後的に追認して瑕疵は治癒したとの判断もまた、沖縄の歴史性に関与せず愛知県警察の自主性にも蓋をするものです。

沖縄は今なお、厳しい状況に置かれています。ですが、憲法12条「憲法が国民に保障する自由及び権利は普段の努力によって、これを保持しなくてはならない」。この沖縄の普段の努力に司法の正義が届くことを願っています。

２０２１年３月20日　控訴審第３回口頭弁論原告意見陳述

# 米軍の訓練で日常生活を脅かされる高江　―高江を訪問して―

岩中（近田）美保子

### 私と沖縄・高江

２０１６年７月、参議院選挙で圧倒的大差をつけて基地建設ＮＯ！の民意を示しました。その10時間後、全国から５００人を超える機動隊が高江に派遣され、「国家権力が動員され、権力が意のままにふるう。戒厳令なのだ」と現場にいた沖縄タイムス記者が述べていますが、名古屋地方裁判所の一審判決は、沖縄の歴史も平和的生存権も、抵抗権も切り捨て、国家警察へと牙をむきだした警察権力の行為を是認する不当判決でした。

他県でも例を見ない公安委員会の専決決定を「瑕疵（かし）はあったが治癒された」と裁判長の言葉に、怒りと悲しみが沸き上がりました。「本土」防衛の最前線にされ、激しい地上戦で、日本軍によって処刑や惨殺、「集団自決」など悲惨な犠牲者をだした沖縄戦、戦後76年、今も戦争の最前線に沖縄を置き、苦しみを押し付けてきているのです。

いま、高江に住む人々がどのような日々の暮らしを送っているのか、裁判長、ご存じでしょうか。高江の現実を裁判官に伝えなくてはと3月14日から2日間沖縄・高江に行きました。

**SACO合意は負担軽減ではなく、基地強化**

1996年12月の日米特別行動委員会（SACO）最終報告で北部訓練場約4000ヘクタールの変換が決まり2016年12月に返還されました。しかし、返還区域にあるヘリパッドの移設を条件とし、東村高江の集落を取り囲むようにヘリパッドの建設が強行され、住民の住んでいる地域の近くでの危険な訓練と騒音がもたらされました。北部訓練場「ジャングル戦闘訓練センター」は海兵隊の管理の下に、陸軍、海軍、空軍の各部隊が対ゲリラ訓練、歩兵演習、ヘリコプター演習、脱出生還訓練、救命生存訓練及び砲兵基本教練などの訓練を実施し、対ゲリラ訓練基地として使用されています。やんばるの森の複雑な地形を敵国のジャングルに見立て、上陸訓練のため必要があるとして宇嘉川河口部の陸と水域も追加提供され、「負担軽減」とは名ばかりです。

アジア太平洋地域における戦略や基地運用計画をまとめた米海兵隊「戦略展望2025」では、「51％の使用不可能な土地を返還し、新たな施設を設け、土地の最大限の活用が可能になる」と明言しています。日本政府も米軍の思うままの訓練を認め、日米地位協定では、アメリカは返還地の現状回復の責任を負わず国（防衛省）が国費で賄うとなっています。

**2015年の安保法制以後急速に増加する訓練**

機動隊が全国から大量派遣される前はゲート前で、歌い、談笑し、平和的な座り込みでした。

２０１４年集団的自衛権行使容認の閣議決定と、２０１５年安保法制の強行採決後、同盟国との合同訓練が増加しています。

２０２０年11月には新しくつくられたＮ１ゲートが使用され、大規模な合同訓練が行われました。早朝から５日もの間、銃声が響き米軍車両20台が前触れなく集落を通過。米軍司令官は、新型コロナウイルスによる世界的な影響がある中でも、「日米同盟は衰えることなく、戦い、勝利するための準備を続けている」とコメントしています。

２０２１年１月には東村高江の米軍北部訓練場内の空き地に、「ＬＺ17Ａ」（米軍基地内のヘリ発着場）との看板が突然設置され、ヘリ発着場として整備する準備作業と、オスプレイから米兵数人の吊り下げ訓練が目撃されています。住民の居住地と３００メートルも離れていません。

２０２１年２月16日、東村平良で北部訓練場に向かう米軍大型車同士が衝突、商工会や保育園がある県道70号線沿いの空き地で、事故修理のため待機、横になって寝ていたところを住民が目撃しています。

２月18日朝４時半、連続的銃声の発砲音、発砲弾、機銃の台座をつけた米軍車両が何台も通行。２月23日から25日にかけて沖縄の陸上自衛隊51普通科連隊と米陸軍第一防空砲兵連隊、同第10地域支援軍が北部訓練場で野営訓練、ゲリラ・サバイバルの共同訓練が行われ、沖縄米軍基地の共同使用、戦力が共有化されていると高江の住民が語ってくれました。

オスプレイの飛行も多くなり、砂埃、高温下降気流が起こっています。ノグチゲラなどの絶滅危惧種など鳥たちの繁殖期にもヘリによる激しい訓練は行われています。

３月１日から連日ＣＨ５３Ｅヘリやオスプレイが飛来、銃をもった米兵の姿もありました。今年３月７日には米軍北部訓練場ゲート付近の県道70号線で武装した米兵が徒歩で移動、米兵を載せたバスが停車し約20人が銃を持って基地に入ったのを住民が目撃しています。

広いパイナップル栽培畑も直接見てきました。畑仕事の若いお母さんの証言です。「急な爆音がしたと思うと、ヘリの搭乗者の顔が見えるほどの低空で飛行し、非常に恐怖を感じた。畑が広がる道を米軍車両が通るときは、米軍車両から降りてくるのではないかと恐怖です。万が一のために隠れる場所を掘ってある」と語ってくれました。高江の集落は、米軍にとって「沖縄は占領地でアメリカが勝ち取った場所、事故をやっても、銃を持って歩いても、自由に行動できる場所」です。日米地位協定で犯罪も日本の裁判では裁くことができません。

事故・事件のたびに「米兵を教育する」と言うのですが、「よくやった。育ってきた証拠だ」と隊長が言ったそうで、これが本音です。人殺しの訓練が軍隊です。次々と事故が続くオスプレイ、基地があるが故の事件におびえながら暮らす高江の人々に、私たちは犠牲を押し付けているのです。

高江ゲート前の横断幕

高江の住民は座り込みと監視活動を連日交替で行っています。看板に英語で「あなたの家族も　私の家族も　同じように大切です。家の上を飛ばないで」「家族が会いたがっているよ。あなたがいるべき場所に帰りなさい」と書いてあり、その看板を見て、飲み物や差し入れをしていく米兵もいるそうです。

**返還地の北部訓練場から銃弾や手榴弾、発煙筒、照明弾など数々の廃棄物が発見**

宮城秋乃さんの調査で、2016年に半分返還された北部訓練場には銃弾、手榴弾、発煙筒、照明弾など廃棄物が残っていることが明らかになっています。蝶をはじめ貴重な生態系が大きな被害を受け、野営訓練により生物は生息する場所が失われていると警告しています。返還地で毒性の強いPCBやDDT、BHCが検出されています。沖縄県民の60％に生活用水を賄う五つのダムに隣接して北部訓練場があります。ベトナム戦争時には枯葉剤がまかれ、ダムに廃棄された弾薬類が1万発以上発見されています。県民の命を脅かす問題です。

南西諸島で、自衛隊と米軍の基地増強・一体化の動きが急速に進み、高江、伊江島、石垣島、宮古島など一層の軍事化がすすみ、辺野古新基地建設が強行。沖縄戦没者の遺骨の混じった南部の土を辺野古新基地建設に使用するなど人道的にも許されません。本土でもオスプレイが飛行し、本土の沖縄化が進んでいます。日米地位協定では、ヘリパッドでも小学校のグラウンドでも緊急着陸できるようになります。私たちの住んでいる愛知県も米軍が使いたいと言えば使うことができるのです。沖縄で起こっていることは他人事ではないのです。

２０１７年、東村高江の県道70号線上空で旋回していた米軍ヘリから、米兵が銃口を向けたことがありました。１９６０年代ベトナム戦争に米軍が高江に「ベトナム村」をつくり住民を標的にして訓練していた、あの時代と変わらない事態が続いているのです。

### 本土の無関心が政府の暴走を許している―裁判長も当事者として沖縄と向き合って

愛知県警はヘリパッド建設に反対する人々を強制的に排除するために機動隊を送り込みました。暴力団、工藤会「特定危険指定暴力団」幹部逮捕に５３０人が動員、狂気をもつ暴力団と市民を同列に扱いました。１８７９年の「琉球処分」で明治政府が派遣した軍人と警察官の合計が今回と同じだったと言われています。

沖縄高江の住民は今日もオスプレイの轟音や人殺しの訓練をする米兵への恐怖と隣り合わせに暮らしています。警察が市民を弾圧する国家警察になりかわってしまいました。県民の税金が、住民弾圧に使われたことは許せません。

私は、控訴審で意見陳述する機会をあたえられました。我がこととしてとらえられているのか、陳述する資格はあるのかと悩みました。「『加害者』である日本人としてわが身が張り裂けそうな思いに襲われる」としながらも「私は沖縄県民に謝罪しつつ、書かなければならない」と向き合われた医師・蟻塚亮二さんの言葉がよぎりました。「沖縄に新たな苦難を押し付けるのを許すのか」と私自身に問い直しています。

「沖縄タイムス」の記者・阿部岳さんは「制御を失った権力は、沖縄にだけ振り下ろされるわけではない。今日の沖縄は明日の本土である」と。私たち本土の無関心が政府の暴走を止められないでいるのではないでしょうか。

裁判長も当事者です。現地を裁判長の目で見てきてください。公正な判断を下していただけるよう述べまして、私の陳述を終わります。

# 故郷の怒りは私の怒り

2021年8月26日　控訴審第5回口頭弁論原告意見陳述

新城正男

## 幼少時代の自分

私は1945年12月15日生まれです。沖縄の北部やんばると言われる羽地村（はねじそん）の疎開先で生まれました。米軍が4月

1日沖縄本島に上陸する前に父母、祖父母、私の兄と姉6人が疎開して戦闘の犠牲は免れました。沖縄守備軍が撤退した南部へ疎開していたら家族の何人かが犠牲になっていたでしょう。

私たち家族の本籍は沖縄中部の北谷村（現在の北谷町）です。疎開先から戻ったときには家屋敷はすでに米軍嘉手納基地に接収されていました。やむなく同じ北谷村の人から竹藪を借地して、トタン屋根の家を造り戦後の暮らしが始まりました。

父は米軍雇用員となり、祖父母は荒れ地を開墾して農業を営み、母は養豚をしていました。沖縄では一般的な家族でした。私が物心ついたころには北谷村の半分は米軍基地に収用されていました。

高校は那覇にある琉球政府立の工業高校の電気科へ進みました。私の父は病弱で喘息気味でしたので、私が本土で就職することには否定的でした。しかし、私は、2～3年本土で技術を身に着け必ず沖縄へ戻るからと父を説得し、1964年3月に名古屋で就職しました。

**沖縄返還運動との出会い**

私は成人を迎えるまで、沖縄の米軍基地はしょうがないものと考えていました。しかし、1965年4月、研修期間を終えた1年後、春日井市の独身寮でゆっくりしているときに、公道の方から「沖縄を返せ」というシュプレヒコールが聞こえました。私が沿道で見ていると、20代半ばと思われる男性から「一緒に歩きませんか」と声をかけられました。顔を見て「沖縄人だ」と直感しました。少し怖い気がしましたが、悪い人ではないようなので言われるまま一緒に行進に参加しました。終点まで参加したところ自己紹介されました。今後は私にも集いや勉強会の連絡をしていただくことになりました。

そうしてしばらくすると、愛知沖縄青年会から親睦交流会への誘いの手紙が届きました。場所は鶴舞公園の広場で

祖国復帰県民大会（写真提供 那覇市歴史博物館）

す。何をするのかとの思いで参加すると、大隈鉄鋼所、トヨタ自動車の工員たちや尾張方面の紡績の女工さん、看護婦さん等も参加していて、仕事のこと・沖縄への思いを語り、フォークダンスも踊り、沖縄三線で民謡も唄い、時には沖縄の島言葉も飛び出ました。「沖縄の青年」をひとりぼっちにしてはいけないというリーダーたちの思いのこもった企画に感動しました。

その後、沖縄返還に関する学習会の誘いが届きました。学習会の内容は、サンフランシスコ平和条約と日米安保条約、沖縄の米軍基地と県民の暮らし、沖縄返還の展望等々多岐に渡りました。こういった学習会に参加するのは私にとっては初めてのことでした。この時期から沖縄に米軍基地があることは仕方がないと受け止めていたこれまでの自分の生き方が急カーブを切ったのです。

60年代半ばから70年代にかけ、沖縄の祖国復帰運動と本土の沖縄返還運動は高揚し民族的な闘いとなりました。

日米両政府は72年沖縄返還に合意します。しかし米軍基地はそのまま据え置かれ、沖縄県民が渇望した基地のない平和な島の返還は実現できませんでした。

**復帰運動と県民の闘い**

1945年から72年までの27年間、沖縄は米軍の統治下にあり、日本国憲法がなく、沖縄県民の人権が無視されていました。米軍の布令・布告で県民生活を圧迫していた時期です。軍用地の収用も「銃剣とブルドーザー」で進められました。

60年代後半は米軍のＢ52が沖縄から飛び、北ベトナムへ爆撃をしていました。ベトナム人民から沖縄は「悪魔の島」と呼ばれていました。祖国復帰運動に「ベトナム戦争反対」も加わり、米軍と沖縄民衆との闘いが顕著に現われた時期となりました。

復帰の年である１９７２年、沖縄は日本政府の統治下に入り、日本国憲法が適用されるようになりました。沖縄の米軍基地は日米安保条約により政府が米国へ提供するようになりました。日本政府は米軍に提供する民間の地主の賃貸料を一気に5~6倍に引き上げます。基地受け入れ自治体へ振興費の支払い、基地労働者への国家公務員並みの福利厚生費の負担、海洋博、リゾート開発、メディアの沖縄ブーム等々、沖縄の民衆の中に国策による受益者が生まれました。政府は米軍用地特別法を延長し、アメとムチをぬかりなく使い分けていました。そのあおりをうけ、県民の中に分断が生じました。沖縄の反戦平和・基地反対運動も分裂し、１９９５年ごろまでは闘いは封じ込められました。

しかし、１９９５年、沖縄北部で米兵３人が12歳の少女を暴行する悲惨な事件が発生しました。沖縄の民衆は度重なる性暴力事件にうっ積していた怒りを爆発させました。沖縄の民衆に忘れられない屈辱だった１９５５年の「由美子ちゃん」事件を思い起こさせたのです。１９９５年10月21日の県民集会には８万５０００人が結集しました。米軍の綱紀の粛正、基地の整理縮小、日米地位協定の改定を決議しました。大田昌秀知事は少女の尊厳を守れなかったことを大衆の面前で詫びて、基地の提供期限が来ても代理署名を拒否すると表明しました。復帰前の島ぐるみの闘争の様相を呈しました。

この沖縄の怒りを静めるために日米両政府は１９９６年ＳＡＣＯ（沖縄に関する特別行動委員会）合意をします。その内容は①普天間基地を含む嘉手納以南の基地の返還、②訓練、運用方法の調整、③騒音軽減措置、④地位協定の運用改善の４項目です。①の普天間基地の返還問題が、現在の辺野古新基地の建設と高江のヘリパッド建設に結びついています。

## 故郷の怒りは私の怒り

１９９５年の少女暴行事件に対する沖縄県民の怒りを、本土の私たちも「沖縄の怒りでなく私の怒り」だと思いました。その屈辱と怒りを共有し、沖縄県民と連帯するために１９９６年3月に発足したのが、市民団体の「命どぅ宝・あいち」です。沖縄で生まれた私からすれば「故郷の怒りは私自身の怒り」です。名古屋では本土の機動隊が派遣されて以降、市街地の栄でスタンディングとスピーチの訴えをして２５０回目を迎えています。

私が印象に残っているのは、２０１６年12月、県道で機動隊が朝から検問をするとの情報があったため、14日の早朝に高江に向かいました。ところが検問もなくゲート前も機動隊はおらず、警備員だけがいるという状況だったのです。変だなと思っていたら、13日の深夜にＭＶ22オスプレイが名護市安部の沿岸の浅瀬に墜落したため、機動隊は現場へ直行しているとのことでした。私は、高江での抗議行動を午前中で切り上げ、墜落現場へ向かいました。そこは異様な光景でした。墜落現場よりはるかに離れたところに日本の機動隊が立ち並び、抗議に来た住民をせき止めているのです。

## 沖縄の歴史と現状を直視した判決を

沖縄の国土面積は日本全国の約0・6％しかありません。その沖縄に米軍専用施設が70・3％も集中しているのは誰が考えても異常ではないでしょうか。戦後日本が朝鮮戦争の特需で高度成長をしているとき、本土の米軍基地反対闘争が激化しました。米国はやむなく本土の基地を日本の主権が及ばない沖縄へ移転させた歴史があります。米軍は沖縄の基地を「太平洋の要石」として位置付けています。

米軍が沖縄で全く使用しなくなっていたやんばるの森が半分返還される一方、新たなヘリパッドが造られました。米軍機は１５０人ほどの住民が住む村で爆音をまき散らしています。住民は今でも阻止行動を続けています。

辺野古新基地では新たに軟弱地盤が発見され、工事仕様の変更手続きが進められています。技術的にも費用的にも工期も定まらない状態下で工事は行き詰まっています。県民の民意は何度も反対と示されています。

愛知県が新基地建設遂行のために機動隊を派遣したのは沖縄県民への侮辱であり、沖縄で生まれ愛知で暮らして50年も過ぎた私は裏切られた気持ちです。自治体警察の任務と役割が改めて問われています。今回の控訴審では、国策にとらわれず沖縄の歴史と現状を直視して、三権分立の原則を踏まえた判決を期待しています。

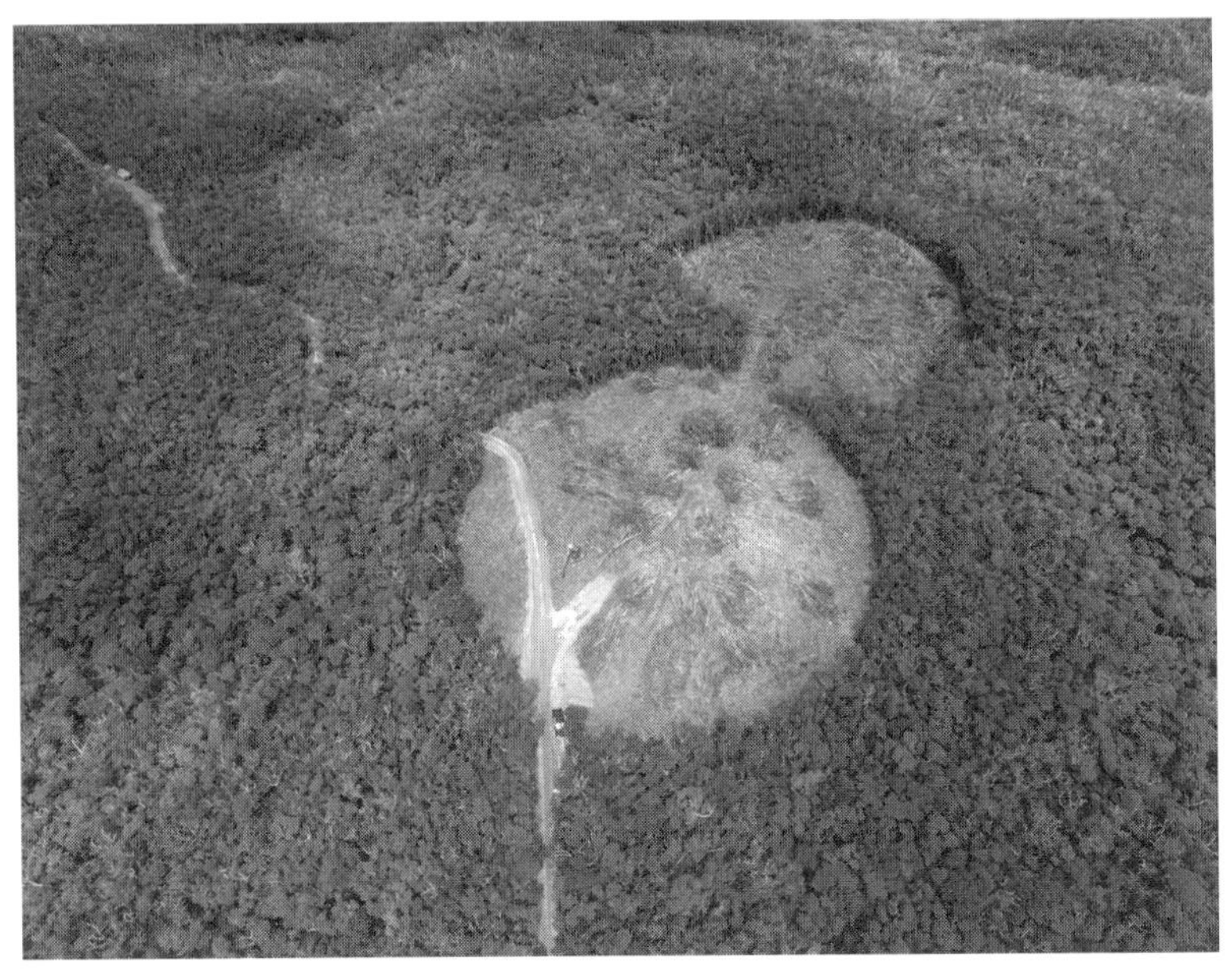

やんばるの森を切り開いて造られたヘリパッド

# 第3部

# たたかいは終わっても——

# 裁判は終わったけど、希望はひらいた！ 東京からの報告

中村利也（警視庁機動隊の沖縄への派遣は違法 住民訴訟・原告）

沖縄県東村高江へのヘリパッド（着陸帯）建設問題は、1995年の米兵による少女暴行事件にまで遡る。この事件に対し沖縄では怒りが爆発、それを鎮めるために日米でいわゆるSACO合意（沖縄に関する特別行動委員会最終報告）が結ばれ、県内13ヶ所の米軍施設の返還を約束した。その一つが高江に隣接する北部の広大な訓練場だった。しかし米軍は訓練場の中にあるヘリパッドを新たな場所、つまり高江集落を囲む場所に移設すること返還の条件にしてきたのだ。

140人ほどが住む小さな平和な村であった高江の人々は反対決議を行い、現場にテントを張って座り込むなど、非暴力の穏やかで粘り強い反対運動を続けてきた。しかし、日本政府は2007年工事を開始、2014年までに2ヶ所のヘリパッド建設を完成させた。2015年、安倍政権は2016年までに残りの4ヶ所を完成する方針を決定する。

その方針を受けて、警察庁は7月から全国6都府県（東京・神奈川・千葉・大阪・愛知・福岡）から500人以上の機動隊員の派遣を決定。約半年にわたり、抗議する市民を力ずくで排除するなどして工事を強行した。また、集落の道路を「警備」の名目で封鎖、検問を行うなど、住民の生活や移動を規制し、平穏な暮らしを脅かした。

### 住民監査請求は棄却、裁判を提訴

この不当な派遣に対し、私たち都民は「都民の税金を沖縄の人々の弾圧に使うことは許せない」とまず住民監査を請求した。しかし都住民監査委員は私たち住民の意見を一度も聞くことなく門前払いをした。そこで２０１６年12月、都民１８４名は62名の弁護士を代理人として、小池知事は都民の税金を不当に支出した警視庁警視総監に損害賠償を請求せよと、東京地裁に提訴した。

裁判には毎回、東京地裁で一番大きい１０３号法廷に定員を上回る１００名を超す傍聴者が参加してくれた。そうした関心の高まり、熱意が裁判長に伝わったのか、原告側が申請した7名の証人が全て採用された。高江の住民、北部訓練場をフィールドとしている蝶の研究者、機動隊の暴力の実態を撮影した映像作家、ヘリパッド建設や辺野古新基地建設の無謀さを告発してきた技術者、そして原告代表など多彩な証人たちにはそれぞれ生き生きとした証言を行っていただいた。

しかし、古田裁判長は、「ゲート前のテントと車両を警視庁機動隊が撤去したのは違法性がある」と明確に認定しながら、派遣した部隊の行動は沖縄県警に委ねているのだから警視庁に責任はなく、「派遣は適法」と全くおかしい判決を下した。

### 控訴審でのデタラメ判決

私たちはすぐさま控訴した。第二審では当時の警視庁警備部長（当時副総監）などを証人尋問したが、派遣先でどのような警備活動をするのか知らなかったとなど全く信じられない証言に終始した。そして判決は、第一審で違法性を認定されたテントと車両の撤去についても「違法かも知れないが適法かも知れない」と無茶苦茶な理屈で「派遣は適

2016年10月17日　訴状提出後記者会見

法」と判決したのだった。私たちは、これまでの議論の積み重ねを無視したちゃぶ台返しのデタラメ判決に怒りをもって最高裁に上告した。

## 裁判の成果と明らかになったこと

しかし最高裁は何らの審理もせず、2022年11月16日、「上告棄却」を決定した。判決では、一審、二審の内容や原告の訴えに全く触れることなく、ただ門前払いの空疎な法律用語が綴られていた。

私たちの闘いは裁判では敗訴したが、それでも多くの成果、役割を果たしてきたと思う。まず、機動隊が派遣された6都府県全てで住民監査請求がなされ、その内、東京、沖縄、福岡、愛知で住民訴訟が提起されるなど、全国各地から派遣が違法だという声が挙げられた。この闘いは、以降、沖縄に機動隊が運動の弾圧としては派遣されていないという、「抑止」の効果をもたらしているとも言われている。これは事実ならうれしいことだし、沖縄の人々への弾圧を少しでも弱めることになったのなら、「本土」＝ヤマトの人間として少しばかりの責任が果たせたのではないか。

また、裁判を通じて、本来は憲法をはじめとする法律を遵守し、政治的に公正・中立でなければいけない警察が、ヘリパッド建設という国策を遂行するための暴力装置として、反対の声を封じる役目を果たしていた実態を白日の下にさらした。かなり早い時期から警察庁を中心に綿密な打ち合わせをしながら、あくまで沖縄県公安委員会、沖縄県警の要請に応えるという形を取り、派遣された先で何をするのか知らなかったと、警察組織としてあり得ない証言を現役の警視庁副総監（現警視総監）がぬけぬけと証言する光景は怒りを越して茶番以外の何物でもなかった。

次にこれは「成果」と言えるかわからないが、裁判、判決を通して、現在の司法が「良心と法律に基づいて判断する」のではなく、時の政府に忖度し、国策に従順であることを暴露させた。辺野古新基地建設を巡るいくつもの裁判がそうであったが、もはや現在の司法は憲法、民主主義を守る「最後の砦」ではないことが明らかになった。

訴訟に不慣れな（初めての人が多かった）私たちがこうして６年も長きにわたって訴訟を闘って来られたのは、第一に優秀で精力的な弁護士の方々がいてくれたおかげだと感謝している。思いばかりが先行し、素人の浅い考えにとらわれがちな原告を、法律の専門家として、住民・市民の目線、立場に立って支えていただいた最強の弁護団に拍手を送りたい。

### いくつかの問題点、今後の課題

まずは、「機動隊の警備活動に違法性がある」ことを認めさせながら、最終的には敗訴してしまったことは残念でならない。現在の力関係、司法の現状ではやむを得ないという考え方もあるが、機動隊の国家暴力に「違法」の判決を下せなかったことはしっかりと胸に刻みたい。

また私たちは、この訴訟を６年前の機動隊の暴力を問うだけでなく、日々進んでいる日本国家による沖縄の基地建設、基地負担の強化に反対する運動と結び付けていこうと考えていた。しかし、その点は不十分ではなかったかと思う。機動隊の高江弾圧を問う訴訟という行動と基地建設反対という行動の回路、連携を有機的に作り出すまでにはいかなかった。難しい点だが今後の課題としたい。

最後に、最高裁までの６年間、傍聴や集会への参加、心温まるカンパを寄せていただいた全ての人々に感謝を申し上げたい。

# 沖縄での機動隊違法派遣住民訴訟の経過とこれからの課題

北上田毅（沖縄訴訟原告）

２０１６年7月、米軍北部訓練場でヘリパッド工事を強行するために、全国から約５００名の機動隊が派遣された。そして、ゲート前の座り込みテントや車両の強制撤去、県道での通行規制・拘束、不当逮捕等、凄まじい暴力と弾圧のもと、工事が強行された。

私たちは、現地での抗議行動を続けながら、各地の仲間たちと、司法の場でも闘いを起こそうと相談。派遣を要求した沖縄と、派遣元の６都府県の住民らが連携を取りあい、住民監査請求を提起した。さらに東京・愛知・福岡・沖縄では住民訴訟が争われた。

沖縄では２０１６年10月、沖縄平和市民連絡会の呼びかけで３８９名が住民監査請求に取り組んだ。１名の監査委員が私たちの訴えを全面的に認め、監査委員としての合議が調わなかったため、２０１７年1月、原告14名で那覇地裁に住民訴訟を提起した。

東京、愛知等、派遣元の都府県の住民訴訟は、沖縄への機動隊派遣に伴う給与等の公金支出の違法性を問うものだったが、沖縄の住民訴訟は、県外からの警察車両の燃料費等を沖縄県が負担したことを違法な公金支出とし、県警本部長、警備部長、会計課長らに９１２万円の返還を求めたものであった。

この訴訟で私たちは次のように主張した。

1．今回の機動隊派遣は、米軍基地建設という国家的要請によるものであるから、その経費は警察法37条により国庫負担とすべきである。
2．沖縄県公安委員会の援助要求に先行して警察庁が6都府県警に派遣準備を指示したことは違法。
3．沖縄県公安委員会の定例会議が2日後に予定されていたのに、県警幹部による「持ち回り」で援助要求を決定したことは違法。
4．ヘリパッド工事を強行するための、ゲート前のテント・車両の強制撤去や住民弾圧等、違法な警察活動に対する公金支出は許されない。
5．必要かつ最小の限度を超えて支出してはならないという地方自治法、地方財政法に違反する。

一審では、公安委員、県警警備部長、警備2課次長、会計課長、「高江・住民の会」のGさんらの証人調べが行われた。２０２１年8月20日、那覇地裁判決が出されたが、私たちの主張は全く認められなかったため、すぐに福岡高裁那覇支部に控訴した。

控訴審は1回の審理で結審。２０２２年8月31日に控訴棄却判決が出された。

地裁、高裁判決はいずれも原告らの訴えを切り捨てたものだったが、特に、愛知、東京の住民訴訟でも争点になったテント・車両撤去問題については、あまりにひどい判断を示した。

地裁判決は、テント・車両撤去については触れず、「そのような警察活動が個別に違法と評価され、国家賠償法等に基づく損害賠償等の対象とされ得ることは格別、そのような事後的な事情から、本件援助要求が遡って違法とはな

ゲート前での抗議集会

らない」とした。

また高裁判決は、「車両撤去は道路交通法上、適法」と断定。テント撤去についても、「防衛局が、本件テントを撤去することができる根拠については不明である」としたものの、「本件テントの財産的価値は必ずしも高いものではなく、……警察官が個人の財産の保護のために必要な措置を直ちに採らなかったことが著しく合理性を欠くとまで断じることはできない」、「本件援助要求において、車両・テント等の撤去が予定されていたとしても、そのことを理由として本件援助要求が違法となるとはいえない」と切り捨てた。

名古屋高裁判決が、「本件車両及びテントを強制的に撤去する法的根拠は見当たらない」として、「沖縄県警察においては、上記撤去が違法である疑いが強いことを認識しながら、敢えて上記撤去を含む行動を計画し、上記援助要求を行った。上記援助要求には、重大な瑕疵がある」と、沖縄県警の責任を強く指摘したことと較べると、あまりに恥ずかしいものだ。

我々は高裁判決を不服として上告したが、最高裁第一小法廷は2023年2月16日、上告を棄却、沖縄の住民訴訟は終結した。

各地の住民訴訟は、準備書面・証拠、また各地の情報公開請求で入手した資料の交換、最高裁への合同の要請行動、集会等、連携しながら進められてきた。私も各地の集会で訴え、東京の訴訟では証言台にも立った。一つのテーマをめぐり、全国各地で連携して住民訴訟が闘われたのは初めてのことではないか。愛知の訴訟の画期的な勝訴判決もあり、今回の各地の住民訴訟は、住民運動の歴史にいつまでも記憶されるに違いない。

今回の住民訴訟は公安委員会制度の形骸化を問うたものだが、事態はさらに進行している。

琉球弧の軍事力強化の動きが加速し、一昨年には、九州で陸上自衛隊と沖縄県警・大阪府警等による「尖閣」対処を想定した合同訓練が行われた。また、全国でも自衛隊と警察の合同訓練が繰り返し行われている。沖縄県公安委員会も、「尖閣諸島警備」、「米軍基地移設工事警備」、「戦没者追悼式警備」、「重要防護施設警備」等のために、毎年のように各地の公安委員会に援助要求を繰り返している。

都道府県警察は既に国家警察の一機関になっている。各地の訴訟は終わったが、我々に課せられた課題はまだまだ多い。

〔追記〕
本件住民訴訟の弁護団長であった三宅俊司弁護士が、２０１６年11月、高江の抗議現場近くの県道で警察官に違法に約2時間、通行を制止され、ビデオ撮影されたため精神的苦痛を受けたとして国賠訴訟を提起した。那覇地裁の森裁判長は、警察の静止行為やビデオ撮影について、「いずれも原告の自由を制約し違法」として、沖縄県に慰謝料30万円の支払を命じた。
当時の高江での違法な警察活動の実態を示したものだが、翁長知事（当時）は、県警の強い求めにもかかわらず控訴を拒否し、一審判決が確定した。

# やんばるの森と人々の暮らしを守るために
## ―世界自然遺産条約という枠組みを活かそう―

**吉川秀樹**（Okinawa Environmental Justice Project）

生物多様性豊かなやんばるの森とそこに住む人々の暮らしを米軍の北部訓練場や軍事訓練から守りたい。ヘリパッド建設が強行「完成」され、反対運動が以前の勢いを失う中、その想いを持ち続ける人々が独自の取り組みを展開している。私もOkinawa Environmental Justice Project（ＯＥＪＰ）の代表として、「ヘリパッドいらない」住民の会をはじめとする市民社会の協力を受けながら、やんばるの森の世界自然遺産登録を軸にした取り組みを行なっている。

残念なことに私たちの取り組みは、訓練を止めさせることはまだできていない。米中日の関係が悪化する中、自衛隊や他国の軍隊までが北部訓練場での訓練に参加するなど状況は複雑化しているのが現状だ。一方、世界自然遺産であるやんばるの森の保全を目的とした枠組みを日米政府に作らせてきたことも事実だ。この枠組みをどう活かし、発展させ、訓練を止めさせることができるか。願っては北部訓練場を返還させることができるのか。これからが正念場だ。以下、これまでのＯＥＪＰの取り組みの経緯を振り返り、現状と今後の展望を述べてみたい。

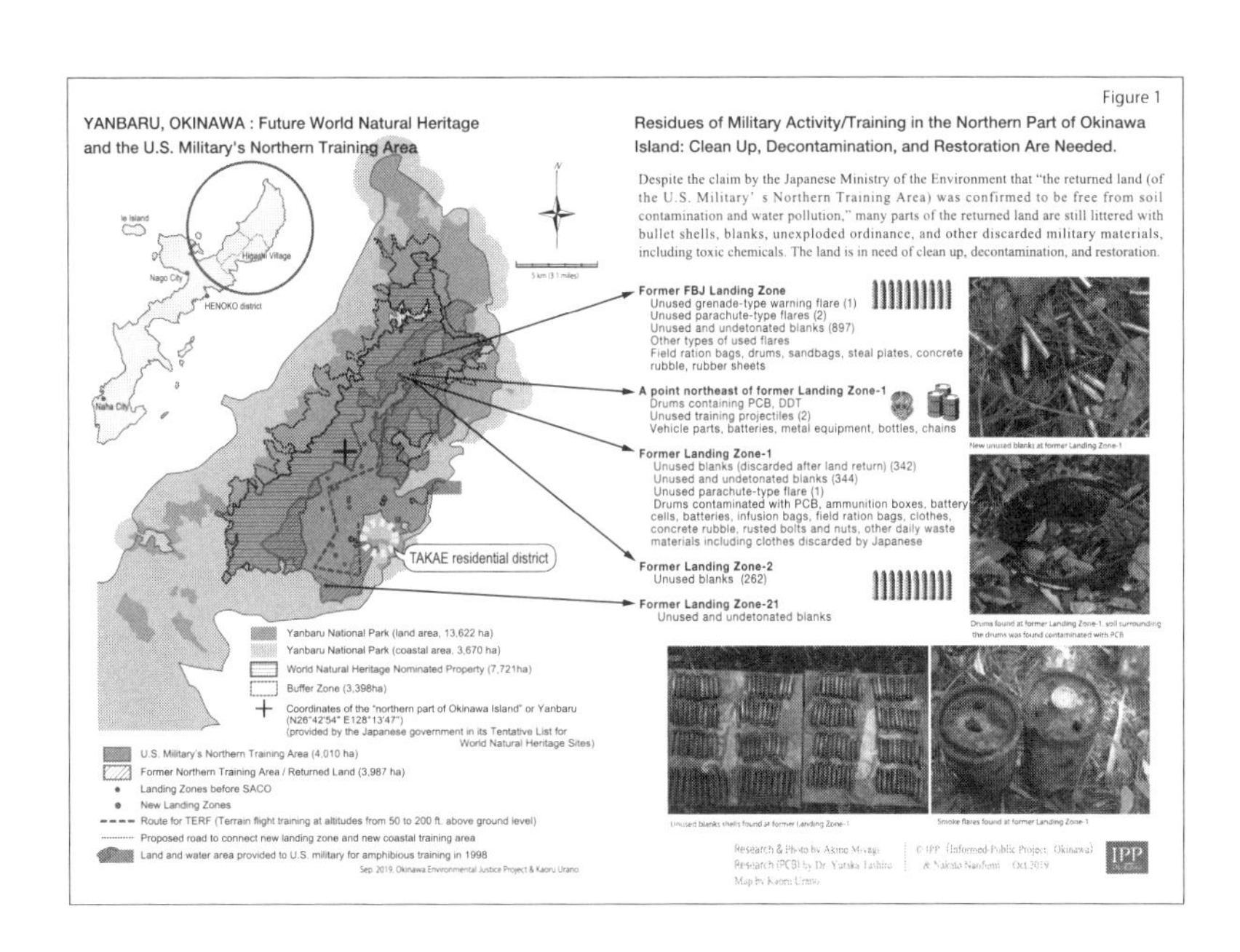


## 世界自然遺産登録の是非

世界自然遺産登録の過程では二つの対照的な見解があったといえる。一つは環境省やそれに追従した沖縄県の見解だ。自然環境が素晴らしいやんばるの森は、北部訓練場があっても世界自然遺産に値する。登録に向けて、北部訓練場や訓練の問題にあえて言及する必要はないという見解だ。もう一つの見解は市民社会の中で広く共有されていたものだ。訓練を止めさせ、北部訓練場を返還させて、世界自然遺産に登録されるべきだ。現状のままでの登録は、北部訓練場や訓練を容認することになるとの見解だ。

一方、ＯＥＪＰや市民社会の一部は、世界自然遺産登録を通して北部訓練場の問題を広く訴えていくことを考えていた。世界遺産条約や条約履行ガイドラインに従えば、世界自然遺産推薦地と米軍管理下の北部訓練場が隣接する状況は、日米両政府の公式で有効な保全に向けた協力を必要とする。その公式な協力関係の基で登録となれば、訓練に対して規制をかけることが可能になる。同時に、米軍の訓練中止や北部訓練場の全面返還を待ち、世界自然遺産登録を求めるのはあまりにも長い道のりであると判断していた。また米軍に対して規制力を持てない日本の法律では現状は続くのみと懸念していた。

２０１６年12月、ＯＥＪＰは他の市民団体との連名で、米国政府に対して世界遺産登録のための正式な合意の設置を求める要請文を提出した。また要請文をThe Japan Timesに掲載してもらい国際社会での認知を図った。

**２０１７年推薦書**

２０１７年１月、私たちが米国政府に要請文を提出した１ヶ月後、環境省はＩＵＣＮやユネスコにやんばるの森（沖縄島北部）、奄美大島、徳之島、西表島の世界自然遺産登録のための推薦書を提出した。環境省はそれまでに国内４カ所において世界自然遺産登録を成功させており、今回の推薦書はその実績に基づき作成されたものではあった。しかしその推薦書は、私たちの予想以上に、北部訓練場や訓練についての言及を避けたものとなっていた。掲載された地図に「北部訓練場」の文字も入っておらず、世界自然遺産登録のための日米間の合意文書なども示されてない。ただ、外来種マングースの駆除における米軍との協力関係は主張されていた。

推薦書を問題視したＯＥＪＰとThe Informed Public Project（ＩＰＰ）は、推薦書を批判するカウンターレポートをＩＵＣＮに提出した。北部訓練場や訓練による推薦地への影響について記載がないこと、推薦地と北部訓練場の境界が曖昧であること、そして日米間の正式な合意がないこと等の問題点を指摘し、解決の必要性を訴えた。そして問題点が解決されなければ、世界自然遺産には値しないと主張した。他の市民団体も同様の内容の文書をＩＵＣＮに提出していた。

この時の状況を示すエピソードがある。環境省との要請交渉でも何度も私は「北部訓練場に言及できない推薦書で登録は無理」と主張していた。それに対し環境省は、推薦書は十分であり、登録には問題ないと自信を見せていた。私と環境省のやりとりに、市民社会のメンバーからも「吉川さん、登録できないと主張していて大丈夫か。登録されたらあなたが恥をかくよ」と心配された。環境省の認識が国際社会でも通るであろうと市民社会のメンバーも考えていたのだ。

### ２０１８年「登録延期」の勧告

２０１８年５月、ＩＵＣＮはやんばるの森を含む４つの推薦地の「登録延期」を勧告した。慌てた環境省はすぐに登録延期の説明を県や自治体に行うことになる。推薦地が飛び地状態であり、完全性の条件が満たせなかったこと。基準ix「生態系」での登録は難しく、基準ｘ「生物多様性」なら可能であること。やんばるの森については、推薦地に組み込まれた北部訓練場返還地の情報が不十分であったこと等を理由として説明した。北部訓練場については殆ど言及がなかった。マスコミも環境省の説明をそのまま報道していった。

しかし同年6月にＩＵＣＮの評価書が公表されると、ＩＵＣＮが北部訓練場の問題にいかに注目し、環境省が対応せざるを得なかったかが明らかになる。環境省は米政府との「合意」文書を作成し、ＩＵＣＮへの追加資料の中で報告していた。さらにＩＵＣＮは、北部訓練場の問題に対応するための日米間のさらなる「メカニズム」の設立を要求していた。

一方「登録延期」勧告に先行する形で、宮城秋乃さんによる北部訓練場返還地（２０１６年12月に返還）の調査が行われ、世界自然遺産登録推薦地における米軍廃棄物の問題が表面化していく。このような状況を背景に同６月環境省は推薦書を一旦取り下げることになる。

### ２０１９年推薦書

２０１９年２月に環境省が提出した新たな推薦書には、重要な変更や項目が加わっていた。まず完全性の条件を満たすために飛び地状態の推薦地をまとめ、基準x「生物多様性」のみでの推薦に変更していた。また推薦地に組み込まれた北部訓練場跡地についても情報を提供し、北部訓練場の存在も地図に記載された。さらには、日米間の「協力」を謳った合意文書が掲載され、「日米合同委員会環境分科会」を遺産登録における問題を解決の「メカニズム」と位置付けられていた。つまり公式の「枠組み」が設置されたのだ。また注目を集める米軍廃棄物問題を鎮静させるかのように、返還地における土壌汚染や水汚染の除染完了を記載していた。

ＯＥＪＰとＩＰＰは、「合意」「枠組み」の記載だけではなく、訓練の影響や境界線が明確でないという具体的な項目について言及するべきだとＩＵＣＮにカウンターレポートを送った。また米軍廃棄物の問題については、推薦書が虚偽の報告をしているとし、完全に撤去し、自然環境を回復される必要があると主張した。そしてＩＵＣＮから引き続き日米政府に働きかけるように要請した。

## ２０２１年登録以降の動き

２０２１年7月、やんばるの森が他の3地域と共に世界自然遺産に登録された。北部訓練場、軍事訓練、米軍廃棄物の問題を抱えたままの登録に対して、失望する人々も多くいたが、少なくともこれらの問題に対応を促す枠組みを日米政府に設置させることはできたことも事実だった。また遺産登録により、ドイツの World Heritage Watch（ＷＨＷ）というＮＧＯとの協働が可能になった。ＷＨＷの主催する UNESCO-NGO 会議や『WHW Report』を通して、遺産登録後も米軍関連の問題が解決していないことをユネスコやＩＵＣＮに直接訴え、アドバイスを求める機会を得ている。

これらを背景にした現在の二つの動きを紹介したい。まず一つは、沖縄防衛局が北部訓練場返還地の米軍廃棄物の撤去作業を行なっており、撤去作業は今後も継続すると防衛省が表明していることだ。宮城秋乃さんの活動と世界遺産登録が防衛省をここまで動かしてきたといえる。また防衛省は、ＯＥＪＰらの要求に応えて、廃棄物撤去の報告書を環境省に提出している。一方、環境省は、我々の要求にもかかわらず、その報告書の内容をユネスコやＩＵＣＮに伝えていない。「汚染除去は完了した」とした２０１９年推薦書との整合性や、返還地での廃棄物の現状が明らかになることにより、世界遺産やんばるの森の実質的「緩衝地帯」と位置付けされた北部訓練場での廃棄物問題へと発展することを懸念しているのかもしれない。

もう一つの動きは、２０２３年７月に日米政府が日米地位協定の環境補足協定に基づく新たな協力関係を謳った「共同声明」を発出したことだ。この文書により、北部訓練場の調査や米軍の「統合管理計画」策定への環境省の参加、また在沖米軍と地元のパートナーシップの構築が可能となった。実際、この文書に基づき、在沖米軍と、沖縄県、自治体、市民団体の会議の開催が２０２４年１月に予定された。しかしギリギリになり米軍から中止の申し入れがあり、会議には至っていない。日米地位協定に基づく「協力」がいかに米軍の裁量に左右されるかが露呈される結果になった。同時に、世界遺産条約そのものに基づいた新たな遺産保全のための日米間の枠組みの必要性が明らかになった。現在ＯＥＪＰは他の市民団体と協力し新たな枠組み設立の必要性を訴える準備をしている。

私たちは、米軍北部訓練場や軍事訓練からやんばるの森とそこに住む人々の暮らしを守るために、世界遺産条約という強力な枠組みを得たという認識を持つことが大切だ。そして私たちのこれまでの成果と課題を確認しながら、世界遺産条約を活用した取り組みを続けていくことが必要だ。

この報告は、論考「やんばるの森の世界自然遺産登録と米軍北部訓練場」（『環境と公害』２０２２年　第51巻第4号）をもとに、その後の市民社会の取り組みや日米政府の動きを踏まえて書いたものである。参考文献や資料については同論考を参照していただきたい。また２００３年７月に日米政府が発出した新たな「共同声明」は以下のサイトを参照していただきたい。kyushu.env.go.jp/okinawa/press_00060.html

# やんばる世界自然遺産となっている北部訓練場返還地の米軍廃棄物問題

（２０２３年11月12日、沖縄大学の講演をまとめたもの）

宮城秋乃（蝶類研究者）

## はじめに

北部訓練場は、正式名称をジャングル戦闘訓練センターと言います。海兵隊の施設です。世界で二つしかない米軍用ジャングル戦闘訓練施設の一つ（米海兵隊としては唯一）となっています。北部訓練場がジャングル戦闘訓練施設として重要な理由の一つに有害物質を含む軍事廃棄物を捨てやすいということがあります。それは、やんばるにあるため沖縄の人でさえ関心を持ちにくく、森林地帯であるため監視がしにくいというのが理由の一つです。

２０１６年12月、北部訓練場の過半の返還の条件とされた東村高江への北部訓練場内の六つのヘリパッドの建設工事が完了しました。オスプレイが離着陸できるサイズで新設され、大規模な森林伐採が行われました。同年12月22日、北部訓練場の過半のおよそ４０００ヘクタールが返還されました。

## 国機関から国機関へ引き渡された返還地

安倍政権は、沖縄復帰後最大の返還面積であり、沖縄の負担軽減になると強調しました。日米地位協定で米軍には返還した基地の原状回復の義務はなく、国が原状回復を行うことになっています。国内法の跡地利用特措法で、米軍が返還した基地の原状回復は、土地を地権者に引き渡す前に国が行うことになっています。返還後、沖縄防衛局がいったん返還地を管理し、支障除去を行いました。支障除去を行った範囲は、米軍車両が通行していた道路、ヘリパッド跡地、ヘリが墜落した地点とその周囲と、返還地全体ではなくこれら三つの条件に当てはまる約5ヘクタール、返還地全体の０・０１％でした。２０２０年9月20日の産経新聞は、「北部訓練場が返還されても不発弾や汚染物質の除去が必要で、防衛省は2〜3年かかると説明した。当時、政府と地元は訓練場跡地の世界自然遺産登録を目指していた。菅首相の怒りに震え上がった防衛省は除去作業を1年で終わらせた」と、報じていました。２０１７年12月、沖縄防衛局は支障除去を完了したと発表し、返還地を地権者に引き渡しました。返還地の約8割の地権者は林野庁沖縄森林管理署です。つまり、国の機関同士で引き渡しが行われたのです。これでは問題があってもうやむやにされる可能性がありますが、現場は深い森なので市民が監視することは困難です。

やんばるの森（提供＝宮城秋乃）

**次々と見つかる廃棄物**

引き渡しの2日後から、私は調査を開始しました。すると、大量の米軍廃棄物が確認できました。ＤＤＴ類やＢＨＣ類という有毒化学物質も検出されました。ドラム缶は沖縄防衛局による撤去後、穴を土で埋められていましたが、私が掘り返したところ、ドラム缶の底の部分がまだ地中に残されたままでした。このドラム缶のあった場所の土からＰＣＢが検出されました。返還地内で見つかった別のドラム缶からもＰＣＢが検出されました。２０１９年3月、沖縄防衛局と沖縄森林管理署が、返還地の原状回復に関する協定を結んでいたことがわかりました。協定の内容は、返還地を地権者へ引き渡した後に米軍由来の汚染が見つかった場合は、沖縄防衛局が処理するというものです。沖縄防衛局はヘリパッド跡地に鉄板が残っていることを把握しており、付近の植生回復状況調査を行った後、適切な時期に撤去するとしています。ヘリパッド跡地に鉄板がまだ残っていることを知りながら、支障除去完了を発表していたのです。それは、世界自然遺産推薦を急ぐためであり、深い森の奥なので市民にばれないと考えていたと思われます。

## 国際自然保護連合（IUCN）の不自然な評価

2019年10月、IUCNはやんばるの森が世界自然遺産にふさわしいかどうかを審査するため沖縄を訪問しました。それに合わせ、県内の自然保護2団体が、返還地の残留米軍廃棄物のデータをIUCNに提出しました。これまで返還地で見つけた不発弾は、県警に通報すると回収してもらえていましたが、2019年10月半ばからは回収してもらえなくなり、不発弾が現場に残されたままとなっています。県警は回収しない根拠として跡地利用特措法と沖縄防衛局・沖縄森林管理署間の協定を挙げています。国立公園や世界遺産に登録されることで散策者などが訪れるようになります。一般の人が不発弾に触れることができ、それを誤ってまたは故意に持ち出すことが起こり得ます。爆発による事故に巻き込まれる可能性もあります。2020年10月、地中に埋められていたコンクリートの塊の中から、放射性物質コバルト60を含む電子部品を19個発見しました。発見されたものは人体や自然界に影響のない線量でしたが、捨てられた当時の線量は不明です。他にも、同じように埋められている放射性物質がある可能性があります。2021年5月、IUCNが返還地を含む世界自然遺産候補地に登録を勧告しました。2021年6月4日、IUCNの評価書が公開されました。指摘事項で、ロードキルやオーバーツーリズムなどには言及されているのに、審査に一番影響を与えると思われる米軍廃棄物に関する記述はありませんでした。2021年6月11日、私はIUCNの評価書に米軍廃棄物に関する記述がないことをインターネットで発信しました。それを受けて翌日、沖縄タイムスがＩＵＣＮの評価書の内容に私のコメントを入れて報じました。審査に一番影響を与えるはずの米軍廃棄物に言及していないのは不自然であり、純粋な評価ではなく、何らかの忖度が働いたと確信しています。

### 本土で報道されない、やんばる世界自然遺産の真実

２０２１年７月、ユネスコが奄美・沖縄を世界自然遺産に登録しました。ユネスコの登録文書は、北部訓練場の問題に触れていませんでした。２０２１年９月、フランスで開催されたＩＵＣＮ会議に出席した北海道大学の吉田邦彦教授が、やんばる世界自然遺産登録地に米軍廃棄物が残留していることに言及し、ＩＵＣＮの評価書やユネスコの登録文書がその問題に触れていないことを指摘しました。ＩＵＣＮ幹部は「その問題はよく承知している。今後、監視をしていく」と答えたそうです。

現在も沖縄防衛局は『北部訓練場返還跡地廃棄物調査等業務』という業務名で、返還地の廃棄物撤去を続けていますが、履行範囲はこれまでにやった箇所であり、支障除去を完了したという見解を変えておらず、現在も米軍廃棄物が残留しているということは認めていません。やんばる世界自然遺産の残留米軍廃棄物問題は日本本土ではほとんど報道されないため、私が故意に複数の刑事事件を起こすことで報道させることに成功しました。国内では米軍廃棄物の残留を隠せない状態にしました。２０２３年10月、沖縄県が返還地で米軍廃棄物を視察しました。それでも報道機関はＩＵＣＮやユネスコがやんばる世界自然遺産登録に関し、残留米軍廃棄物や米軍機の低空飛行に触れない不当な評価を行ったことや、両者の評価に日本政府が介入した可能性について追及していません。実際は、ヘリパッド建設で大規模な森林伐採が行われたり、有害物質を含む軍事廃棄物が森に廃棄されたり、米軍機の騒音や振動などで動物たちの平穏な生活を奪ったりなどして、米軍基地があることで環境が破壊され続けています。２０２３年７月、やん

ばるの自然保護に関する日米共同声明が発出されました。しかし、この声明には残留米軍廃棄物に関する対応は含まれていません。今もやんばるの森では米軍廃棄物や米軍機の低空飛行など米軍の活動による被害を受けている生き物たちがいます。声を上げられない最弱の生き物たちに代わって、国内や海外の報道機関は、やんばる世界自然遺産の真実を権力やお金にこびずに世界に報じてください。

# 「ヘリパッドいらない」住民の会の取り組み

清水　暁

**裁判のこと**

２０１６年全国から派遣された機動隊による大弾圧、異常な速さで進められた工事。欠陥工事のまま行われた完成式典。その後やり直しの工事を3年半続け２０２０年7月工事完了となりました。過剰警備などにより総工費は予算の15倍もかかり、それは私たちの税金から支出されています。

民主主義と人権を無視した暴挙はこの国のありようを映し出しているようです。何を大切にして何を切り捨てるか。表向きは「基地の面積が減り沖縄の負担軽減がされた」ですが、実際は森が潰されオスプレイの基地が造られました。

基地の機能が強化され騒音は５倍となり、負担は増大しているのが現状です。

この暴挙に対して、派遣した全ての都道府県で住民が住民監査請求を行い、沖縄を含む４都県で住民訴訟が連帯して行われ、この暴挙の違法性を浮き彫りにし、国や社会に対して責任を問いました。粘り強い闘いの中で、愛知県は勝訴を勝ち取りました。この一連の取り組みは、今後、国が警察を手足の様に使い住民運動を弾圧することを防ぐことにつながります。そして、わたしたち一同、勇気と希望を貰いました。

## 高江の現状

これまで全国から沢山の方々の想いや行動がありましたが、残念ながらヘリパッドは完成しました。国は話し合いをせず、工事を強行、市民を裁判にかけ弾圧、やんばるの森を破壊したという事実が歴史となって残りました。私たちはこれ以上軍事化を進めないため、そして命豊な森、水源の森をまもるために「北部訓練場を撤去し、もとの森に戻すこと」「戦争のない平和な日々を次の世代に残すこと」を掲げ、訴えを続けていきます。

日米地位協定があるため、深刻な事件事故があっても問題化できません。野放し状態の危険な基地の負担を沖縄は背負わされつづけています。そして最近は急速に琉球弧（奄美大島から沖縄、台湾までの弓状に連なる数多くの島々のこと）に軍事基地建設、ミサイル配備、法整備が進み、基地被害という段階からこのままでは戦場となってしまうという段階にまでなってしまいました。沖縄戦で捨て石となった状況を再び準備しているような状況です。

北部訓練場では兵士が隊列を組んで銃器を持ち県道を歩行訓練することがありました。そして、その様子を記録・抗議した市民に対し、いわれのない疑いをかけて家宅捜索するという不当弾圧もありました。

「高江で起こることは私のことだ、わたしの問題だ」と愛知県訴訟の会の方が話していました。この言葉は負担や危険をよその場所、見えない場所、他の人たちに移しても決して問題が解決しないことであり、自分のこととしてつ

訓練途中、県道で休憩をとる米兵（2023年12月撮影）

ながっていくことだと思います。小さくてもあきらめず声をあげ、出会い連帯の環を広げていきたいと思っています。

**座り込みのこと**

現在、月〜金曜日メインゲート側で座り込みをし、抗議、監視を続けています。基地へ出入りする米兵に向けて英字のプラカードを道に並べています。米軍の訓練の様子を記録し、Okinawa Environmental Justice Project 代表の吉川秀樹さんを介して世界自然センターやＩＵＣＮ（国際自然保護連合）などへ状況報告、国際機関から日本政府へ指摘してもらうように要請しています。

# 命どぅ宝

伊佐育子（「ヘリパッドいらない」住民の会）

　高江は座り込みをはじめて今年で17年目となりますが訴訟に関わることでは２００８年に国からの通行妨害禁止仮処分の民事裁判で６年を裁判に縛られ、結果１名が通行妨害と認定されました。２０１６年高江住民がヘリパッド建設工事差し止めで国を提訴しましたが却下され、振り返ればヘリパッド建設を終える２０１６年までに闘いは常に裁判闘争とともにあり、常に現場での行動も弁護団とともに歩んでいました。

　法に照らすことはたとえ判決が納得いかなくともそれ以上に社会に訴える力は大きく、反対に不条理を明らかにしてたくさんの支援者と繋がり勇気をもらい最後まで闘うことができました。

　２０１６年ヘリパッドはできましたが、高江への機動隊派遣は違法だとした裁判闘争が２０１７年沖縄と全国３都県の各地元住民で始まりました。みなさんが奮闘されているなか高江もここで活動は終わらないやるべきことがあると座り込みを継続、次へと繋がる行動も始めました。そしてこの年、２００７年から危惧し恐れを訴えていたヘリの事故が高江区で起こりました。牧草地に米軍のヘリＣＨ53が墜落炎上。ヘリが夜中まで燃え尽きるのを目の当たりにし、背筋が凍りつく思いで立ち尽くす光景のなか、北部訓練場がある限りまたこの事故はいつか起こる、平穏な生活を一瞬で失うと確信し、米軍を監視する重要性が高まりました。

各地から集まり開催された高江座り込み15周年集会（2022年6月）

また各地での機動隊派遣違法の住民訴訟の判決が次々に棄却されるなか、愛知県警機動隊派遣違法訴訟の会の勝利に向け高まる熱意を受け、初めての証人尋問では大役すぎて皆さんの期待に応えられるかが心配で不安でしたが、陳述は、今の高江や私の話ではなく、沖縄の苦難の基地闘争であり、先人が命がけで闘い続けてきた延長線の沖縄県民や国民の闘いの証言を伝えることだと強く思い、裁判官の前に立ったのを思い出します。裁判所での様子は愛知訴訟の会は弁護団と原告団、サポーターといつも傍聴席があふれ、報告会にも多くの方に励まされました。

訴訟の会は裁判だけでなく沖縄の歴史を学び、現状を知り、沖縄の運動の現場にも集会にも足を運び活発な行動に頭が下がりました。何度も署名運動を広げた闘いは、これまでの諦めない信念が逆転勝利を引き寄せ続けたと信じます。みなさんの熱い思いに感謝します。

高江でも一仕事終えた思いですが、平和を築くことに終わりはありません。今年から在沖海兵隊約4000人のグアム移転が始まると報道されています。沖縄では2月25日から3月17日まで「アイアン・フィスト」島嶼奪還を想定した日米共同訓練が行われました。初めて北部訓練場が使用され、オブザーバーでイギリス、カナダ、フィリピンなど6カ国の軍関係者も招待されていたそうです。次々に軍事を主軸に米軍と他国と一体化するなかで、グアム移転の本当の意味は、日米共同訓練とは何のための訓練なのか、国民には何も知らされません。自衛隊の軍車両が70号線を北に向かうのはこれから先、米兵の命だけでなく自衛隊員の命も差し出すことになります。とうとう自国の若者を戦場に送る時代が来たのかと苦しみに覆われます。今の時代、戦争がいったん始まればもう世界はこれを止めることができません。しかし私たちは言い続けなくてはいけません。

多様な社会で経済が戦争に繋がる今、軍事を主軸とする国で命の重みが薄れる今だからこそ沖縄にしかない声「命どぅ宝」を叫び世界の戦争やこの国の軍事強化に抗い続けること。それは高江の座り込みで多くの方から教えられ学んだことだからです。

国内だけでなく国境を超え、思いをともに広げ繋がり、過去から学び明日へと時間を繋ぐ、また手渡すことに希望をつないでいく繋がりが始まります。その一つに愛知県警機動隊派遣は違法だったと伝えられる喜びと希望をありがとうございました。

まだまだこれからも多くの希望と未来を手渡すことができるよう頑張りたいと思います。

これからもどうぞよろしくお願い致します。

# 未来につなぐ

## てぃんさぐ70

東村高江の米軍へリパッド建設に愛知県警が機動隊を派遣したのは違法と訴え、たたかいつづけてこられたみなさま、勝訴おめでとうございます。

はじめまして、てぃんさぐ70です。
わたしたち「てぃんさぐ70」は、東村高江の米軍ヘリパッド問題にかかわってきた30~40代のメンバーで2022年11月に結成されました。予定されていた6基の米軍ヘリパッドの移設が終わった2016年以降、問題をなかったことにしないためにできることを模索しています。

参加メンバーには、高江で生まれ育った人もいれば、長年沖縄の反戦平和運動にかかわりながら県外で活動してきた人や、大学の卒業論文で高江のことをテーマにしたのを機に移住した人、これから沖縄の平和運動からなにかをまなびたいと思い、足を運ぶ人なども含まれます。

活動しはじめて約2年半。昨年夏に開催された、「ヘリパッドいらない」住民の会（以下、住民の会）の結成16周年を記念する集会では、ノグチゲラの視点から軍事基地の問題を考える紙人形劇を上演しました。軍事基地のことやヘリパッドのことは、どうしても話題にしにくい雰囲気がありますが、いのちの問題として捉えると、見える景色が変わります。わたしたちが手がけた紙人形劇には、ひとつには子どもたちにこのやんばるの森のなかで起きていることを伝えたいという思い、もう一つには、おとなにこの現状を直視してもらい、これからどう生きていったらいいか考えるきっかけにしていただけたらという思いを込めてつくりました。

また、現在は住民の会と共同して、これまでの活動を振り返り、どんな思いでどんな活動をされてきたのか聞きとり、報告集を制作しています。高江で暮らしながら基地ゲート前に座り込んできた人たちの記憶を記録し、未来につないでいく。それには、てぃんさぐ70のメンバー間で何度も話し合いをかさねながら、お話をきかせてもらう一人ひとりに向き合い、またそれを聞く自分たちはなにをどう引き継いでいくのか問い考えることが必要になってきます。

ここで注意すべきは、わたしたちが高江から学ぼうとするときに、安全な位置から学ぶことはできないということです。というのも、すでにいろんなかたちで戦場に巻き込まれているからです。にもかかわらず、その事実に気づかず、あるいは気づかぬふりをして日々暮らしている。だからこそ、高江の運動を知るということは、この状況をどう生きのびていったらいいか、いかに生きていくかという問いになかなか結びついてこなかったように思います。

愛知の訴訟で、人びとが意思を示すために米軍北部訓練場のゲート前に座り込み、まもってきたテントと車を排除することの違法性が認められたことは、沖縄に大きな希望を与えました。出会いと対話の場であり、声そのものでもあったゲート前のテントと車。そのテントと車を強制撤去するということは、そこに集う人たちの関係性を断ち切り、声を奪い、封じるということであり、もっと言えば、いのちを傷つけ、殺しあう戦場と地続きの行為でもあります。

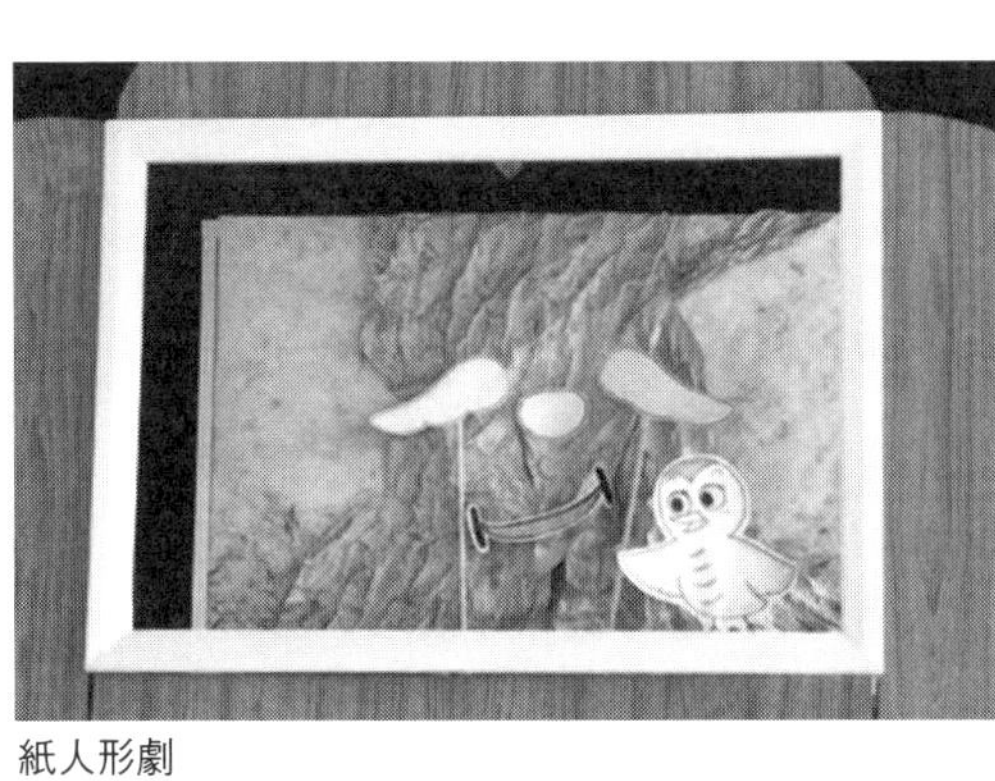

紙人形劇

ここで思い出したいのは、２０２２年に「重要施設周辺及び国境離島等における土地等の利用状況の調査及び利用の規制等に関する法律（重要土地等調査法）」が施行され、ゲート前のテントや座り込みに来る人たちが監視され、罰則が科される可能性などが明らかになってきたことです。じつは、てぃんさぐ70の活動は、これまでのような運動ができなくなるのではないかという不安に覆われ、先行きが見えなくなっていたときにはじまりました。住民の会の活動を記録する。この取り組みは、テントの存在が危ぶまれる状況のなかから動きだしたのです。いのちや暮らしをまもろうとしてきた人たちの声を聞き、記録することは、記憶を次の世代につないで、目を覆いたくなるような現実を変えていくことでもあります。

てぃんさぐ70は、これまでこの問題に心を寄せてこられた方たちと、これから高江に出会う人たちが出会う接点をつくり、ともに未来をきりひらいていきたいと思っています。

# 5年後に差した「法の光」

阿部 岳（沖縄タイムス記者）

警察官約40人が寄ってたかって市民の手からブルーシートを奪い、何も告げずに持ち去る。「泥棒！　警察呼ぶよ！」。市民が叫ぶ。警官に向かって。

振り返ると、２０１６年の高江を象徴する場面だった。警官は治安を守ってくれることになっているが、その警官から違法行為をされたら、どうすればいいのか。回りには誰もいない。誰も助けてくれない。ヘリパッド建設に反対する市民たちは、絶望的な無法状態の中にいた。

ブルーシートは、7月の沖縄の強烈な日差しをしのぐ日よけにするつもりだった。警察側は辺野古のように抗議のテント村ができて既成事実化することを避けたかった。それは理解できるとしても、市民の私有財産を奪う根拠は一切なかった。奪いたい。だから奪う。そんなことがまかり通った。

この「ブルーシート強盗事件」が起きたのは7月14日。そこから、22日の大弾圧と工事着手を経て、警察の無法は加速していった。ヘリパッド反対の市民を選別し、思想を理由に足止めする検問。建設現場入り口をふさいでいた市民の車の超法規的な撤去。取材中の新聞記者の拘束。極めつけに、「土人が」という沖縄の人々へのヘイトスピーチ。

私は現場に通いつめ、記事を書き続けた。「まるで戒厳令だ」「警察国家の入り口だ」「沖縄差別の表れだ」——。しかしいくら書いても、手応えを感じられないままでいた。沖縄の山奥で起きている異常事態は、ほとんど日本に伝わらなかった。日本人多数の無関心をいいことに、菅義偉官房長官（当時）を司令塔とする安倍政権の中枢は、沖縄が日本に復帰した1972年以降で最悪の強権行使を続け、ヘリパッドを無理矢理完成させた。

高江で目に入るのは、機動隊の制服の青色ばかり。座り込む市民が強制的に排除される光景ばかり。新聞記者も、一挙手一投足を監視されていた。正直に言って、高江の日々は気が重かった。この理不尽を記録して歴史に刻む、その職責だけに背中を押されていた。

それから5年後。2021年10月7日の名古屋高裁判決を読んで、私は新聞に書いた。「判決は、2016年後半の高江に5年後に差した『法の光』になった」。こんなことが許されていいはずがない、という市民の鬱積した思いに応え、この国はまだ法治の下にあるのかもしれないと希望をつなぐ、そんな判決だった（その後最高裁で確定）。

愛知県警が県公安委員会を経ずに専決処分した機動隊の派遣決定を違法とし、約110万円の賠償を命じた本筋の部分だけではない。車両検問や抗議行動の撮影は「適法性あるいは相当性に疑問が生じ得る」とたしなめた。現場入り口にあった車両の撤去は「違法である疑いが強い」と踏み込んだ。返す刀で、その撤去を計画した沖縄県警による機動隊派遣要求も「重大な瑕疵があった」と断じた。現場で起きていた一つ一つの問題に丁寧に法のものさしを当てはめ、検討したことがうかがえる。

原告団や弁護団はもちろん、吉報を待っていた沖縄の人々からも、喜びの声が上がった。「私たちがずっと訴えていたことが認められた」「愛知の皆さんのおかげ」「沖縄と各地で連携した苦労が報われた」。

最初に「連携」したのは警察側だった。沖縄県警の援助要求に応じ、愛知県のほか東京都、千葉県、神奈川県、大阪府、福岡県の警察が機動隊を派遣した。実質的には首相官邸が主導し、約500人の応援部隊をかき集め、市民の抵抗をつぶした。

そのことが皮肉にも、各地に連帯の種をまいた。いつの間にか「弾圧する側」に立たされることになった6都府県の人々は、沖縄平和市民連絡会の北上田毅さんの呼びかけに応じて住民監査請求に動いた。愛知のほか、福岡や東京でも訴訟に発展し、沖縄の訴訟と呼応し合った。

「弾圧は抵抗を呼び、抵抗は友を呼ぶ」。戦後、米軍の圧制と闘った沖縄の政治家、瀬長亀次郎の言葉通りになった。愛知訴訟の原告団には、団長の具志堅邦子さんはじめウチナーンチュが4人いた。弁護団には、沖縄にルーツがある仲松大樹さんがいた。逆にそれ以外の約200人の原告や弁護士は愛知の地にあって、日本人として自ら当事者になることを選び取り、闘いに加わった。他の5都府県でもそうだ。同じ日本人として、私はそのことを名古屋高裁判決と同じくらい、うれしく思っている。

完成してしまった高江ヘリパッドも、無謀な工事が続く辺野古新基地も、言われるような「沖縄問題」ではない。「日本が沖縄を差別し基地を押し付けている問題」だ。終了させる責任は、私たち日本人にある。

沖縄の現場に行けば、日本人の無関心がどれだけの暴挙を政府に許しているかがよくわかる。沖縄の人々とともに抗議の声を上げることにも重要な意義がある。ただ私は、問題の現場はむしろ日本にあるのではないか、それぞれの地元で声を上げる方が根源に切り込めるのではないか、と漠然と考えてきた。

6都府県の人々は、地元から高江に行った機動隊をすぐ引き返させることはできなかった。でも、派遣を決めた者たちの責任を粘り強く追及し、愛知では責任の一部を実際に引き受けさせた。一連の取り組みは、日本の私たちに、確かで具体的な先例を残してくれた。

# 機動隊沖縄派遣をめぐる高木ひろし県会議員の愛知県議会でのやりとり

**編集委員会**

高木ひろし愛知県会議員は２０１７年６月23日「沖縄慰霊の日」に、県議会で沖縄・高江への愛知県警機動隊派遣の経緯や派遣内容について、県警本部長や公安委員長に質問しました。その後も、派遣内容の非開示理由は全く合理性を欠き、決算審議もできないと警察を厳しく批判しました。さらには、名古屋高裁の愛知県敗訴の判決後には、公安委員会制度の形骸化を議会でただしています。

機動隊沖縄派遣を巡る質疑と答弁を愛知県議会議事録にもとづき、編集委員会の責任において、その要旨を掲載します。

**愛知県警機動隊の沖縄派遣についての高木県議の発言**（２０１７・６・23）

２０１６年７月、参議院選挙も終わった直後、沖縄県国頭郡東村高江地区で米軍のオスプレイが使用するヘリパッド建設工事が強行されるに際して、抗議する地元住民らを排除するために愛知県警を含む六都府県から機動隊員約５００名が投入されたと言われております。

この機動隊員らは、法的な根拠もなく住民らのテントや車両の強制撤去を行い、住民排除のために暴力を振るい、非暴力で抵抗する市民を不当に逮捕しました。大阪府警の機動隊員が住民に対し差別的な暴言を吐く姿が放映されました。そして、運動の中心を担っていた平和運動センターの山城議長が鉄条網を切断したという実に軽微な罪で、何と5ヶ月間も拘留されました。このことは、先般の国連の人権委員会でも山城さん本人が訴えられ、全国的な注目と批判の声が高まりました。そこで、質問します。

（高木議員）
昨年7月に愛知県から沖縄県に対し警察官が派遣されているが、その要請、決定、派遣の経過は。

（県警本部長答弁要旨）
平成28年7月12日付で、沖縄県公安委員会から愛知県公安員会に対して援助要求がなされたことを受け、愛知県公安委員会事務専決規定に基づき、愛知県の治安情勢を踏まえた上、警察本部長において専決し、警察官を派遣しております。

（高木議員）
愛知県公安委員会としては、いつ、どのような審議を経て、その派遣の妥当性を承認、決定したのか。

（公安委員答弁要旨）
本県公安委員会では、援助の要求または同意に関することについては、警察本部長に専決させています。

（高木議員）
この派遣の人数や期間にかかわる主要な内容が、条例に基づいて情報公開請求をしても「非開示」とされているが、その理由は何か。

（警察本部長答弁要旨）
人員や期間等、派遣にかかわる内容については、これを開示すれば、テロ行為を敢行しようとする勢力等が過去の実例等を研究、分析するなど、将来におけるテロ等の犯罪行為を容易にし、今後の警備実施等に支障を及ぼすおそれがあるから、不開示としています。

機動隊派遣情報に関する不開示について、再び県警本部に質問

（高木県議）

公安委員にも監査委員にも報告している情報を、なぜ議会には報告できないのか。我々は県警察の予算や決算を承認する立場である。機動隊の派遣人数や派遣期間を明らかにしない状態で予算や決算を承認するのは無理ではないか。議会に対する説明責任を果たしてほしい。愛知県情報公開条例上の理由と、議会、監査、裁判所等への対応は基準が違うものであり、県警察の信頼に関わる問題であり、今後の運用を真剣に検討してほしい。

高裁判決（沖縄への機動隊派遣「専決手続き」を違法）を受けて専決規程の在り方を公安委員会及び警察本部に質問

（高木議員）

昨年の10月7日、名古屋高等裁判所は、愛知県警が２０１６年7月から12月にかけて沖縄県東村高江の米軍北部訓練場のヘリパッド移設工事現場に愛知県機動隊員を派遣したことが違法であるとして、当時の警察本部長に対して、機動隊員らに支払われた時間外手当相当額の賠償命令を行うよう愛知県に命じる判決が行われた。愛知県公安委員会の事務専決規程は、警察官の県外への派遣が異例または重要と認められる場合には公安委員会の承認を受けなければならないと定めている。今回の派遣はこれに該当するので、県警察本部長が専決により派遣を決定したことがその手続において違法であると、高裁判決は明快に判断した。

また、判決は、都道府県公安委員会は都道府県警察の民主的な管理に当たるものであるから、警察法上、他の公安

委員会からの援助要求に同意するかどうかは、都道府県公安委員会が合議体として審議して判断すべきであるのが原則であると述べ、警察法が付与した公安委員会の権限を、事実上、警察本部長の専決に丸投げしているとも見られる愛知県公安委員会の在り方そのものに重要な問題提起をしている。

愛知県議会としては、この高裁判決の指摘を重く受け止め、公安委員会と警察本部のあるべき関係について議論すべきであると強く思う。

そもそも公安委員会制度とは、戦前の内務省の下に置かれた国家警察による人権蹂躙などの反省に立って、政治的中立性を確保するために、国民を代表する公安委員会が、自治体警察を民主的に管理する責任を負う、極めて重要な機構である。

実は、この専決規程が全面的に改正された昭和53年に、愛知県警察本部自らがこの専決規程の解釈指針を警察内部向けに発出している。専決ではなく公安委員会の承認を受けるべき異例または重要な当たるケースを次のように示している。

一、その処理によって後日紛議を生ずることが予想されるようなもの。

二、社会的に反響の大きい事案。

この考え方によれば、今回の沖縄の米軍基地建設に関わる住民の抵抗運動に対して愛知県警が機動隊を派遣した事例は、県民の中にも様々な意見があり得るものであり、公安委員会が自ら決定した上で派遣されるというのが筋となる、そんな例ではないか。

（警察本部長の答弁要旨）

公安委員会から示されている専決規程では、専決可能とされている事務でありましても、異例または重要と認められるものについては、専決によることなく合議体での意思決定を受けるよう定められております。この異例または重要及びその部内的解釈として、後日紛議を生ずることが予想されるものや社会的に反響の大きいものへの当てはめにつきましては、個別の事務やその根拠法令に則して、主として愛知県内の治安に与える影響等の観点から判断されるべきものと考えております。

（高木議員）

公安委員会の事務専決規程の問題について、今回、名古屋高裁で違法と判断されたのは愛知県警のケースだけであり、沖縄への機動隊派遣を行ったのは愛知県だけではなく、東京都、千葉県、神奈川県、大阪府、福岡県、合計六つの都道府県が行っているが、その派遣手続は一様ではない。それぞれの公安委員会は専決規程を持っており、他の都道府県警察からの援助要求について、全面的に県警本部長の専決に委ねているのは実は愛知県だけだ。他の都道府県では、災害、人命救助及び犯罪捜査等で緊急を要する場合、また、10人以内、14日以内の期間の派遣という具合に、専決できる範囲を厳しく限定し、現に六年前の沖縄への派遣についても、事前に各公安委員会の承認を得た上で派遣をしている。

20年ほど前、警察改革が全国的に大きな議論になった。その中のテーマの一つは、戦後警察の特徴である公安委員会制度が形骸化しているのではないかという指摘であった。愛知県公安委員会がその権威を保ち、県民からの本当の信頼を担保するためにも、事務専決の在り方を見直すよう、改めて強く要望する。

# 北部訓練場関連年表（2015年まで）

| 年月日 | 出来事 |
| --- | --- |
| 1955年4月 | アメリカ海兵隊が初の訓練（4月4日から24日にかけて、記録に残る中で初の訓練。当時は琉球政府への通知が必要）。 |
| 1957年 | 国頭村と東村の国有地および私有地の強制接収。 |
| 同年10月25日 | 北部海兵隊訓練場として使用開始（林業を守るため実弾演習はしない条件）。 |
| 1962年 | 訓練場南側に特別演習区域を設置し、村民の林業や資源利用を制限。 |
| 1960〜1975年 | 北部訓練場近隣に住む住民をベトナム人に扮させ、ベトナム風の集落（通称「ベトナム村」）をつくり、殺戮の演習が展開。演習では、枯葉剤の散布も行われた（米兵が枯葉剤を撒き、あとで近隣住民に草を処分させた）と、当時参加した元米兵の証言。 |
| 1970年2月〜 | 北部訓練場で住民が知らない間に実弾射撃場が建つ。 |
| 1970年12月22日 | 伊部岳闘争。米軍は伊部岳での実弾射撃訓練を村に通告。村議会は即時に抗議決議を採択し座り込み、演習を阻止。 |
| 1972年5月15日 | 沖縄の施設権がアメリカから日本に返還。沖縄の復帰に伴い北部訓練場として施設・区域が提供される。 |
| 1974年12月9日 | 福地ダム（湛水面積2，450，000㎡）が東村川田に完成。 |
| 1977年10月15日 | 県営総合農地開発事業用地として、北部訓練場の1，303，000㎡を返還（第16回安保協合意の一部）。 |
| 1987年1月 | ハリアー攻撃機パッド建設阻止。海兵隊は水源地安波ダムの南約270ｍの場所で突然、ハリアー攻撃機のパッド建設工事を開始。ヘリパッドは、国指定特別天然記念物ノグチゲラや天然記念物ヤンバルクイナなど希少動物の生息地であり、県民のとって不可欠な水源地である安波ダムや普久川ダムから1・7㎞しか離れていない。区民は激しく抵抗し、ゲート前に座り込んでいた区民約150人が憲兵隊を突破して現場に突入し、作業中の重機の前に立ちふさがるなどして抗議し、工事を中断させ、計画を中止させた。 |
| 1990年8月 | 米海兵隊キャンプ・フォスターと八重岳通信所を結ぶ伊湯岳マイクロウェーブタワーを建設。 |

| 年月日 | 出来事 |
| --- | --- |
| 1995年9月4日 | 小学生が米兵に暴行される事件発生。基地の整理縮小と日米地位協定の抜本的改定を求める大きな運動が沖縄県内外で起こる。 |
| 1995年11月1日 | 日米両政府が米軍基地負担軽減のためとして設置した、沖縄に関する特別行動委員会（SACO）設置。 |
| 1996年4月12日 | 橋本総理とモンデール駐日米国大使が普天間飛行場の全面返還に合意を発表。 |
| 1996年12月2日 | 「沖縄に関する特別行動委員会」（SACO）最終報告を公表。普天間飛行場返還、北部訓練場一部返還とヘリパッド移設、辺野古の新基地建設で合意。 |
| 1997年 | SACO最終合意によって、1997年度末を目途に「安波訓練場」の陸域（約480ha）及び水域（約7859ha）の返還を合意。条件として「北部訓練場」から海への土地及び水域の提供。返還済み面積の大半は北部訓練場の部分返還（3987ha）が占める。「（米軍の）使用に適さない北部訓練場の約51％（の土地）を返す一方、新たに使用できる訓練場所を開発する」狙い（米海兵隊報告書）。正式名「密林戦闘訓練センター」に改称。 |
| 1997年12月22日 | 隣接する安波訓練場が返還される。 |
| 1999年4月 | 7ヶ所のヘリパッド移設後に訓練場返還（日米合同委員会合意）。高江区反対決議。 |
| 1999年10月26日 | 地元の東村高江が区民総会。全会一致で受け入れ反対を決議。 |
| 2004年8月13日 | 沖縄国際大学キャンパスに米軍海兵隊ヘリが墜落。 |
| 2006年2月 | ヘリパッド移設先を7カ所から6カ所に変更(日米合同委員会合意)。高江区2度目の反対決議(2月23日)。 |
| 2007年7月 | 那覇防衛施設局（現沖縄防衛局）がN4地区に移設工事着手。高江住民ら座り込み闘争開始。 |
| 2008年8月 | 地元住民が中心の「ヘリパッドいらない」住民の会　結成。 |
| 2008年11月 | 国（沖縄防衛局）は、高江住民ら15名に対して那覇地方裁判所に通行妨害禁止の仮処分の申立て（那覇地裁名護支部）。 |
| 2009年12月11日 | 那覇地裁は2人について妨害禁止を命じる仮処分決定。国は、この2名について通行妨害禁止の本訴訟を提起（スラップ訴訟）。 |

| | |
|---|---|
| 2012年9月9日 | オスプレイ配備反対沖縄県民大会に10万人。過去最大規模。 |
| 2012年10月1日 | 沖縄県議会、県内へのオスプレイ配備に対する抗議決議採択。 |
| 2013年2月 | N4ヘリパッド1カ所完成。 |
| 2014年6月13日 | 通行妨害をめぐる訴訟で最高裁が住民側の上告棄却、上告不受理決定。1人に妨害禁止を命じた一審判決が確定。 |
| 2014年7月 | N4　2カ所目完成（残り4カ所）。 |
| 2015年2月17日 | N4　2カ所を米側に引き渡し。 |
| 2015年12月4日 | 菅官房長官ケネディ駐日大使が共同発表「北部訓練場の返還の緊急性を再認識」。 |

## 訴訟・裁判関連年表（2016年〜）

| 2016年 | |
|---|---|
| 7・10 | 参院選で基地建設に反対する伊波洋一氏が現職を破り当選。9時間後、一斉に高江に機動隊が配備され、工事が始まった。 |
| 7・11 | 沖縄防衛局　工事に着手の準備開始　警察庁警備課長、警視庁警備部長、関係都府県警備部長宛て通知「沖縄県警察への派遣要請について」発出　沖縄防衛局が機材搬入、高江ヘリパッド建設工事に2年ぶり再開準備。 |
| 7・12 | 沖縄県公安委員会　千葉・東京・神奈川・愛知・大阪・福岡の各公安委員会に警察法60条1項に基づく派遣要請。 |
| 7・13 | 愛知県警本部長　専決による1回目の派遣決定。沖縄県公安委員会へ派遣同意の連絡（同月22日の公安委員会で事後報告）。 |

| | |
| --- | --- |
| 7・21 | N1ゲート前で集会（1600人参加）。沖縄県議会が内閣総理大臣等に対して「全国から警察官を大量動員してヘリパッド移設工事を進めようとする姿勢に対し厳重に抗議する決議」。 |
| 7・22 | 警視庁、千葉県警、神奈川県警、愛知県警、大阪府警、福岡県警からも機動隊が送りこまれた。800名の機動隊を導入し、N1ゲート前制圧、住民排除、テント・車両撤去。 |
| 8・4 | 沖縄県公安委員会2回目の派遣要請。 |
| 8・9 | 愛知県警本部長　専決により2回目の派遣決定および連絡（同月19日4の公安委員会で事後報告）。 |
| 8・20 | 機動隊が取材中の沖縄県2紙記者を拘束。 |
| 9・6 | 愛知県警本部に市民が機動隊派遣中止を申し入れ（安倍内閣の暴走を止めよう共同行動他26団体）。 |
| 9・13 | 米軍基地の建設の為に自衛隊のヘリを使って工事車両を現場に空輸した。 |
| 9・21 | 同3回目の派遣要請 |
| 9・26 | 愛知県警本部長　専決により3回目の派遣決定および連絡（同月30日の公安委員会で事後報告）。愛知県議会に市民が機動隊派遣中止を求める陳情書提出。 |
| 10月 | 「高江―森は泣いている」上映会　市内4カ所で開催（あいち沖縄会議・怒れる女子会@なごや共催） |
| 10・17 | 沖縄平和運動センターの山城博治氏不当逮捕。翌年3月まで長期身柄拘束。 |
| 10・18 | 大阪府警の機動隊委員2人が抗議の市民に「土人」「シナ人」と発言。 |
| 10・28 | 土人発言に対する沖縄県議会糾弾決議 |
| 12月 | 全国から派遣の機動隊撤収。 |
| 12・5 | 愛知県警に市民が情報公開請求。 |
| 12・13 | オスプレイが名護市安部の海岸に墜落。 |
| 12・21 | ヘリパッド移設合意：安倍晋三総理は、キャロライン・ケネディ駐日大使と北部訓練場の過半の返還の合同発表。ケネディ駐日大使退任。 |

| | |
|---|---|
| 12・22 | 米軍北部訓練場一部返還式典。沖縄県知事欠席（ヘリパッド完成）。愛知県警機動隊の沖縄への派遣中止を求める住民監査請求の請求人募集開始。 |
| **2017年** | |
| 1・21 | 住民監査請求に向け北上田毅さんの講演会開催（安倍内閣の暴走を止めよう共同行動）。 |
| 5・15 | 沖縄県への違法な愛知県警察職員の派遣公金支出に対して損害賠償請求を求め住民監査請求提出。 |
| 6・23 | 愛知県議会本会議で高木ひろし県議が一般質問、「愛知県警機動隊の沖縄派遣について」追及。 |
| 6・27 | 住民監査請求却下。抗議声明発表。 |
| 7月 | オスプレイN1ヘリパッド使用開始。 |
| 7・19 | 提訴を決意。提出期間まで7日間。原告資格のある９２１名の監査請求人に「原告」を依頼。提出ギリギリまで委任状が寄せられた。 |
| 7・26 | 沖縄高江への愛知県警機動隊派遣違法訴訟提訴。原告２１１名。 |
| 8・8 | 訴訟の会ニュース№1発行。 |
| 9・15 | 裁判前学習会「何を提訴したのか　裁判の意義　沖縄の現状　私たちにできることは」（ウイルあいちセミナールーム）。 |
| 10・11 | 東村高江の民間牧草地に、米軍ヘリCH53墜落炎上。住宅から２００M。 |
| 10・16 | 沖縄県議会で、牧草地墜落の抗議決議と、高江の6カ所のヘリパッドの使用禁止と県内の民間地と水源地の上空での米軍機の飛行訓練中止の意見書を全会一致で可決。 |
| 10・21 | 第2回裁判前学習会「高江は今」奥間政則さん。 |
| 10・25 | 第1回口頭弁論・報告集会（１００名を超える原告・サポーター）。準備書面「本件訴訟の意義」（大脇雅子弁護団長）、原告意見陳述：具志堅邦子さん |
| 11・9 | 愛知県の決算委員会で民進党、共産党県議が沖縄高江への機動隊派遣を追求。不偏不党、中立守られず、警察法2条2項が守られていないなど。 |

| | |
|---|---|
| 11・21 | 訴訟の会ニュース№2発行 |
| 12月 | ２０１７年12月：政府は汚染物質の撤去など約3億円かけ「支障除去」を終えたとして、地権者への土地の引き渡しを完了した。しかしヘリコプター着陸帯には防護壁や鉄板が大量に残っており、演習用の弾薬「空包」や野戦食の袋、空き缶や瓶、鉄条網の一部なども大量に見つかっている。またＰＣＢも検出。 |
| 12・6 | 愛知県警にて黒塗り、行政文書非開示不服の口頭意見陳述。 |
| 12・12 | 第2回口頭弁論・報告集会（80名を超える原告、サポーター）。準備書面「高江の自然の豊かさと北部訓練場建設工事及びオスプレイ離発着訓練による環境破壊の実態」（田巻紘子弁護士）、原告意見陳述：丸山悦子さん。 |
| **2018年** | |
| 1・16 | 訴訟の会ニュース№3発行。 |
| 2・9 | 第4回裁判前学習会「やんばる・高江の生き物たちを守れ！」宮城秋乃さん。 |
| 2・22 | 第3回口頭弁論（１００名を超える原告・サポーター）。準備書面「２０１６年7月22日の機動隊による市民排除・弾圧の実態」（篠原宏二弁護士）、原告意見陳述：松本八重子さん。 |
| 2・28〜3・2 | 原告団・弁護団現地調査（①徳田博人琉球大学教授、山内徳信元読谷村長・参議院議員　②辺野古現地　③小林武教授　④阿部岳沖縄タイムス記者　⑤高江現地で奥間政則さんらからヒアリング）。 |
| 4・3 | 訴訟の会ニュース№4発行。 |
| 4・14 | 第5回裁判前学習会「高江で何が起こったか」阿部岳さん（沖縄タイムス記者）。 |
| 5・14 | 第4回口頭弁論と報告集会（80名）。準備書面「本件監査請求及び住民訴訟の適法性」（森悠弁護士）、準備書面「２０１６年7月22日から同年12月にかけての機動隊の違法行為の実態」（篠原宏二弁護士）、原告意見陳述：大瀧義博さん。 |
| 6月 | 東村　Ｎ４ヘリパッド撤去を求める決議。 |
| 6・19 | 訴訟の会ニュース№5。 |
| 6・28 | ２０１８年6月29日：政府は返還地約３７００ヘクタールをやんばる国立公園区域に編入し公園区域を拡張した。愛知県議会警察委員会で高木ひろし県議が愛知県警機動隊の沖縄派遣について一般質問。 |

| | |
|---|---|
| 7・25 | 第5回口頭弁論・報告集会。準備書面「愛知県公安委員会の派遣決定の手続的違法性論1」（長谷川一裕弁護士）、原告意見陳述：八木佳素実さん。 |
| 8・7〜12 | 「ぼくたち　ここにいるよ　高江の森の小さな命展」（宮城秋乃さん写真）（第58回平和美術展の一角を借りて）。 |
| 8・8 | 翁長雄志沖縄県知事急逝。 |
| 8・11 | 「土砂投入から辺野古美ら海を守ろう県民大会」沖縄に連帯し愛知でも集会（あいち沖縄会議）。 |
| 8・28 | 第7回裁判前集会「民主的な警察のあり方を求めて」（高木ひろし愛知県会議員）。 |
| 8・31 | 訴訟の会ニュースNo.6発行。 |
| 9・8 | 第8回裁判前学習会「国家主権を抑止する日米安保の根源に迫る」（中谷雄二弁護士）。 |
| 9・26 | 第6回口頭弁論・報告集会。準備書面「愛知県公安委員会の派遣決定の手続的違法性論2」（長谷川一裕弁護士）、準備書面「日米安保条約の違憲性と砂川最高裁判決批判」（中谷雄二弁護士）、原告意見陳述：神戸郁夫さん。 |
| 9・30 | 沖縄県知事選挙　前翁長知事の遺志をつぎ玉城デニー候補圧勝。 |
| 10・23 | 準備書面「裁判所の釈明に答えて―原告の主張の整理」提出。 |
| 10・26 | 訴訟の会ニュースNo.7発行。 |
| 11・17 | 総会&第9回裁判前学習会「沖縄―基地と自治の歴史―基地問題から見る日本」（仲松大樹弁護士）。 |
| 11・18 | 講演会「沖縄と憲法　平和的生存権をめぐって」講師：小林武さん（沖縄大学）、安倍内閣の暴走を止めよう 共同行動実行委員会 主催、沖縄高江への愛知県警機動隊派遣違法訴訟の会 共催。 |
| 12・5 | 第7回口頭弁論・報告集会。準備書面「沖縄米軍基地の起源と固定化の歴史」（仲松大樹弁護士）、原告意見陳述：飯島滋明さん（憲法学者）。 |
| 12・23 | 辺野古コンサートIN名古屋で高江の住民の会のスワロッカーズ来名古屋。 |
| 2019年 | |
| 1・11 | 訴訟の会ニュースNo.8発行。 |

| | |
|---|---|
| 1・22 | 第10回裁判前学習会「オスプレイの危険性」（富田篤史弁護士）。 |
| 2・7 | 第8回口頭弁論・報告集会。準備書面「オスプレイの危険性─墜落事故を繰り返す欠陥と騒音被害等」（富田篤史弁護士）準備書面「抵抗権と高江の座り込み闘争」（中谷雄二弁護士）、準備書面「自力救済・自救行為論と高江の座り込み闘争の正当性」（長谷川一裕弁護士）、原告意見陳述：小山初子さん。 |
| 3・1 | 訴訟の会ニュースNo.9発行。 |
| 4・9 | 第12回裁判前学習会「高江住民の座り込み、その正当性」（長谷川一裕弁護士）。 |
| 4・24 | 東京訴訟審問傍聴（吉田光利、森悠弁護士）。 |
| 4・24 | 第9回口頭弁論・報告集会。準備書面「請求の趣旨の変更、請求額の減縮」（長谷川一裕弁護士）、原告意見陳述：寺西昭さん。 |
| 5・13 | 愛知県情報公開審査会で意見陳述。第11回裁判前学習会「憲法の平和的生存権と抵抗権─沖縄高江では」（中谷雄二弁護士）<br>※3月の予定が講師都合により延期。 |
| 6・17 | 訴訟の会ニュースNo.10発行。裁判所に証人採用を求める要請ハガキ運動開始。 |
| 7・17 | 第10回口頭弁論・報告集会。証人尋問「基地と生き物は共存できない─隠された真実を暴き出す」（宮城秋乃）、「ゲート前で何が　機動隊の暴力行為」（伊佐育子）、「自宅から400メートルにヘリパッド。騒音被害、低周波、墜落の恐れ」（安次嶺現達） |
| 7・18 | 第11回口頭弁論・報告集会証人尋問（鈴木誠愛知県警警備課長補佐）、「機動隊の暴行など撮影」（古賀加奈子映像作家）、「機動隊派遣の専決決定に重大な問題うきぼり」（高木ひろし県会議員） |
| 8・19 | 愛知県情報公開条例に基づき県情報公開審査会で意見陳述。 |
| 9・6 | 訴訟の会ニュースNo.11発行。 |
| 10〜 | 裁判長あてに1５000枚の「公正判決をお願いします！」要請はがき運動開始（締め切り2020年2月末）。 |
| 11・1 | 第13回裁判前学習会。講演　内河恵一弁護士「沖縄高江の闘いと日本国憲法の精神」、裁判の到達点と展望（長谷川一裕弁護士） |

| 日付 | 内容 |
|---|---|
| 11・11 | 第12回口頭弁論（結審）・報告集会。準備書面「原告らの最終準備書面」（大脇雅子弁護士・長谷川一裕弁護士・吉田光利弁護士）原告意見陳述：山本みはぎさん |
| 12・9 | 準備書面「車両及びテントの撤去の違法性について」（吉田光利弁護士） |
| 12・10 | 訴訟の会ニュースNo.12発行。 |
| 12・16 | （東京訴訟）第一審不当判決。 |
| **2020年** | |
| 2・29 | 判決前集会「全国と繋がって裁判を勝利しよう」東京裁判の高木弁護士と原告の田中さんを迎えて。※コロナのため企画を中止。 |
| 3・18 | 名古屋地方裁判所民事第9部は原告の請求を棄却、不当判決。弁護団原告団不当判決声明発表。※コロナ禍のため傍聴制限。 |
| 3・21 | 原告の集い　※コロナ禍のために中止。 |
| 5月 | 訴訟の会ニュースNo.13発行。 |
| 6・30 | 控訴理由書「原判決に対する包括的批判」。 |
| 7・22 | 全国一斉行動「高江の弾圧から4年　機動隊の沖縄への派遣は違法7・22」街頭行動。 |
| 9・25 | （東京訴訟）第1回控訴審（東京高裁） |
| 11・18 | 第1回控訴審・報告集会《名古屋高等裁判所》準備書面控訴理由書要旨陳述：大脇弁護士・長谷川弁護士、吉田弁護士、森弁護士、控訴人意見陳述：秋山富美夫さん |
| 12・12 | 訴訟の会ニュースNo.14 |
| **2021年** | |
| 1・17 | 名古屋高裁あての証人尋問と公正な裁判を求める要請ハガキを取り組む。第2回控訴審裁判前集会「高江を守れ　アキノ隊員の米軍追跡」 |

| | |
|---|---|
| 1〜 | DVD「ヌチドウタカラ　戦跡踏査から見えてくる沖縄戦の実相」の普及開始（秋山富美夫さん作成） |
| 1・20 | （沖縄訴訟）高江県外機動隊派遣違法公金支出の住民訴訟の証人尋問。証人は重久真毅（当時：県警警備部長）、喜納啓信（当時：県警警備第二課次席）、片桐哲（当時：県警総務課長）、天方徹（当時：県公安委員）、儀保昇（ヘリパッドいらない住民の会）池田克史（当時：県警本部長）は、文書による尋問。 |
| 2・2 | 控訴審第2回口頭弁論・報告集会。準備書面「『高江での抵抗活動は非暴力の抵抗とはいえない』とする被控訴人の主張に対する反論」、控訴人意見陳述：具志堅邦子さん |
| 2・8 | （東京訴訟）第2回控訴審 |
| 2・16 | 米軍大型車が高江の県道70号線で事故。米兵が移動できず大勢が村内で待機。 |
| 3・12 | 訴訟の会ニュースNo.15発行。 |
| 4・1 | 沖縄・東京・福岡・愛知で裁判を取り組む団体と、住民監査請求を取り組んだ千葉・神奈川のメンバーが初の全国オンライン交流会。 |
| 4・6 | 控訴審第3回口頭弁論・報告集会。準備書面「愛知県公安委員会の形骸化の実態、法の支配の回復のためには本件専決の違法性を厳しく断罪する必要がある」控訴人意見陳述：近田美保子さん |
| 4・17 | （福岡訴訟）裁判終結　報告集会 |
| 4・22 | 裁判前学習会「沖縄の抵抗権をめぐって」（小林武さん） |
| 4・28 | （沖縄訴訟）控訴審結審。 |
| 4・30 | 訴訟の会ニュースNo.16発行。 |
| 5・25 | 裁判前学習会「公安委員会のあり方を問う」（長谷川一裕弁護士。高木ひろし県会議員） |
| 6・2 | 控訴審第4回口頭弁論・報告集会。派遣当時公安委員長の入谷正章弁護士の証人尋問。 |
| 6・4 | 蝶類研究者・宮城秋乃さん宅に沖縄県警が家宅捜査。 |

| | |
|---|---|
| 6・13 | 「日米地位協定の抜本的な改定を求める」署名　愛知県議会への意見書採択を求める署名。戦争させない１０００人委員会、あいち沖縄会議呼びかけ。 |
| 6・16 | （東京訴訟）第3回控訴審。証人尋問　裁判期日当時の緒方警備部長の証人採用。 |
| 6・23 | 日下真一沖縄県警本部長あてに「訴訟の会」原告団事務局一同の名で宮城秋乃さんへの不当な家宅捜査と弾圧に抗議文を送る。 |
| 7・20 | 訴訟の会ニュースNo.17発行。 |
| 7・26 | 世界遺産の登録を審査する国連教育科学文化機関（ユネスコ）世界遺産委員会は「奄美大島、徳之島、沖縄島北部及び西表島」の登録を決定。 |
| 8・12～15 | ２０２１年「あいち平和のための戦争展」に出展。 |
| 8・20 | （沖縄訴訟）那覇地裁不当判決、ただちに高裁に控訴。 |
| 8・23 | （東京訴訟）控訴審最終弁論。 |
| 8・26 | 控訴審第5回口頭弁論（結審）・報告集会。準備書面「時間外手当、特殊勤務手当の推計に関する主張の補充」準備書面「最終準備書面」、控訴人意見陳述：新城正男さん。意見書提出（専修大学法学部白藤博行教授意見書、名古屋大学大学院法学研究科稲葉一将教授意見書、山城博治意見書） |
| 9・10 | 訴訟の会ニュースNo.18発行。 |
| 10・7 | 名古屋控訴審判決・報告集会。控訴審判決沖縄高江への機動隊派遣は違法！　第一審の原告敗訴を覆し、派遣費用の一部賠償を命じる逆転勝訴。原告弁護団の声明発表、記者会見。 |
| 10・14 | 愛知県知事に上告断念を！の申し入れ。署名１９５９筆を提出。 |
| 10・19 | 訴訟の会ニュースNo.19発行。 |
| 10・21 | 愛知県被告は名古屋高裁判決を不服として最高裁に上告及び上告受理申立。 |
| 10・29 | （東京訴訟）東京高裁で控訴棄却の不当判決。 |

| | |
|---|---|
| 11・14 | 判決後勝利集会。記念講演山城博治さん。 |
| 11・29 | 愛知県議会に上告を断念することを求める陳情書を提出。 |
| 12・9 | 愛知県議会の審議を求め原告団長が公安委員会や県警本部長の出席する警察委員会で陳述。 |
| 12・10 | 県の上告に対して高裁控訴人１９０人全員から弁護団への委任状が届く。 |
| 12・14 | 最高裁　被告から上告理由書、上告申立理由書提出。 |
| 12・15 | 訴訟の会ニュースNo. 20発行。 |
| **2022年** | |
| 4・11 | 訴訟の会総会と最高裁に向けての学習会開催。最高裁に愛知県の上告棄却を求める署名を開始。 |
| 4・26 | 訴訟の会ニュースNo. 21発行。 |
| 5・17 | 最高裁　上告受理申立理由書に対する反論。 |
| 6・5 | 高江座り込み15周年報告集会（東村農民研修施設）、東京・愛知・沖縄から参加。 |
| 7・15 | 最高裁に愛知県の上告を棄却するよう求める署名第1次締め切り。 |
| 7・22 | 最高裁前で、東京・沖縄とともに最高裁に「上告を棄却するよう求める署名」（署名１５７０筆）提出行動。 |
| 7・23 | 6周年だよ　全員集合！　沖縄、東京、名古屋、福岡オンラインで集会。 |
| 8・11〜15 | あいち平和のための戦争展出展。 |
| 9・1 | 最高裁　準備書面「全国47の都道府県公安委員会の事務専決規程に関する調査報告」を提出。 |
| 9・6 | （沖縄訴訟）高裁で控訴棄却の不当判決。最高裁に上告。 |
| 10・13 | 訴訟の会ニュースNo. 22発行。 |

| | |
|---|---|
| 11・16 | （東京訴訟）最高裁上告棄却。 |
| 12・9 | 最高裁への署名提出行動（署名４４１筆提出）と東京の警視庁機動隊の沖縄派遣は違法　原告団主催の「6周年だよ、全員集合！」に愛知から参加。 |
| **2023年** | |
| 2・16 | （沖縄訴訟）最高裁上告棄却。 |
| 2・17 | （東京訴訟）住民訴訟総括集会。 |
| 3・1 | 訴訟の会ニュースNo.23発行。 |
| 3・22 | 最高裁　上告棄却、上告不受理決定・高裁での勝訴判決が確定。 |
| 4・14 | 最高裁勝利判決　声明　報告集会 |
| 4・18 | 機動隊派遣当時の愛知県警察本部長・桝田好一氏が愛知県に１１０万３１０７円の賠償金を支払う。 |
| 6・16 | 訴訟の会ニュースNo.24発行。 |
| 7・2 | （沖縄）「ありがとう　やんばる　16周年ＴＡＫＡＥ」訴訟の会からも参加。 |
| 8・10〜13 | あいち平和のための戦争展出展。 |
| 12・7 | 愛知県公安委員会は事務専決規定を改め、警察法60条に基づく派遣要求及び同意を警察本部長の専決処分の対象から除外。 |

# 第一審判決抜粋

裁判年月日　令和2年3月18日　裁判所名　名古屋高裁　裁判区分　判決
事件番号　平成29年（行ウ）第85号
事件名　沖縄高江への愛知県警機動隊の派遣違法公金支出損害賠償請求事件

【主文】

1　原告らの請求をいずれも棄却する。
2　訴訟費用は原告らの負担とする。

【事実及び理由】

1　各派遣決定が愛知県公安委員会事務専決規程2条ただし書にいう「異例又は重要」なものに当たるかについての記載部分

「本件各派遣決定が本件規程2条ただし書にいう「異例又は重要」なものに当たるか否かが問題となるところ、「異例又は重要」なものとは、①その処理によって後日紛議を生ずることが予想されるもの、②社会的に反響の大きい事案に関するものなどをいうものと解される（乙6。この解釈の一般的な合理性については、争いがない。）。

この観点からみるに、本件各派遣決定当時を含め、北部訓練場におけるヘリバッド移設工事を含む米軍基地の問題が政治的・社会的に大きな対立を生んでいることは公知の事実であって、そもそもそのような問題に警察が関与すること自体について、市民の一部からの批判が出て紛議が生ずることは予想されるところである。実際、1回目の派遣決定（平成28年7月13日）がされた後である同月21日には、沖縄県議会が、内閣総理大臣等に対して、全国から警察官を大量動員してへリパッド移設工事を進めようとする日本政府の姿勢への厳重な抗議を行い、愛知県においても、2回目の派遣決定（同年8月19日）がされた後である同年9月6日、愛知県議会議員らが、桝田に対し国が一方的に強行するヘリバッド移設工事に愛知県警察が助力するのは他県の地方自治を著しく侵害するものであるなどとして、機動隊の派遣中止を申し入れている（甲13、14）

また、本件各派遣決定当時において、米軍基地の問題が政治的・社会的に大きな対立を生んでいることから、派遣された機動隊員と参加者との衝突等が生じ、そのことが社会的に大きな注目を集めることも予想されるところであり、現に、1回目の派遣決定の前後には、少なくとも一部の新聞において、北部訓練場での機動隊員と参加者との衝突が大きく報じられたところであるから（甲22～25、乙18）、本件各派遣決定は、社会的に反響が大きい事案に関するものであるともいい得る。

さらに、へリパッド移設工事に関連した援助要求に関与した警察関係者が、当該援助要求に係る派遣のように、数百人規模の警察官を数か月単位の期間で派遣するということは余りない旨を述べていること（甲93）、本件各派遣決定に関与した証人鈴木も、愛知県警察において、近時、米軍基地に関係した警備が問題となったことが本件派遣以外には記憶にない旨を供述していることからすると、本件各派遣決定は、愛知県警察にとって前例の乏しいものであることがうかがわれる。

以上のことを考慮すると、本件各派遣決定が「異例又は重要」であると評価される余地を否定することはできない。」

2　本件各派遣決定は違法といえるかについての記載部分

「しかしながら、前記（1）に説示したところによれば、本件規程2条ただし書が「異例又は重要」なものについては、あらかじめ公安委員会の承認を受けて処理すべきことを定めているのは、都道府県警察の民主的な運営と管理を保障するため都道府県警察の管理機関として住民を代表する合議体の機関である都道府県公安委員会が置かれていること（警察法38条3項、39条等）に鑑み、「異例又は重要な」ものについては、愛知県公安委員会による慎重な検討を経た上で処理すべきものとする趣旨であると解される。そうであるところ、本件各派遣決定については、①本件各派遣決定後に行われた愛知県公安委員会の定例会の個別審議（1回目の派遣決定後の平成28年7月22日、2回目の派遣決定後の同年8月19日、3回目の派遣決定後の同年9月30日）において、警備課長から、本件各派遣決定に関し、「沖縄県公安委員会から、警戒警備のため、本県公安委員会に対し、警察法第60条第1項に基づく援助要求があり、それぞれ必要な警察職員を派遣する」旨の報告がされ、派遣期間・派遣人員・業務内容について報告がされたこと（甲41の1・2、乙13、証人鈴木）、②前記の個別審議において、公安委員から、現地で予定されている警察活動等に関する質問がされたことはあったが、愛知県警察の警察官を派遣することについて異論が出されたことはなかったこと（証人鈴木）が認められる。これらの事実によれば、本件派遣に係る各援助要求がありこれに応じたことや派遣期間・派遣人員・業務内容が、本件各派遣決定から遅くとも10日以内には愛知県公安委員会に報告され、その際、質疑応答の機会があったものの、公安委員からは特段の異論が述べられなかったのであるから、事後的ではあるものの、愛知県公安委員会において本件各派遣決定を承認する旨の意思決定がされたものと評価することができるというべきである。そうすると、本件各派遣決定が、本件規程2条ただし書の「異例又は重要」なものに該当する余地があり、あらかじめ公安委員会の承認が得られていない点で瑕疵を帯びていたとしても、事後には承認が得られたことで、その瑕疵は治癒されたというべきである。以上の意味において、本件各派遣決定が手続的に違法であるということはできないというべきである。

これに対し、原告らは、愛知県公安委員会において、本件派遣に関する実質的な意見交換がされた形跡がないことから、本件各派遣決定につき事後的にも愛知県公安委員会の承認が得られたということはできないという趣旨を主張するが、報告された事項に異論がなければ積極的な意見交換をする必要はないのであり、前記のとおり、本件派遣に関する報告がされ、質疑応答の機会があったにもかかわらず、異論が出なかったという点に鑑みれば、愛知県公安委員会において本件各派遣決定を承認したものと評価するのが合理的であって、原告らの前記主張は採用することができない。」

# 控訴審判決抜粋

裁判年月日　令和3年10月7日　裁判所名　名古屋高裁　裁判区分　判決
事件番号　令和2年（行コ）第16号
事件名　沖縄高江への愛知県警機動隊の派遣違法公金支出損害賠償請求控訴事件

【主文】

1　原判決を次のとおり変更する。
2　被控訴人は、桝田好一に対し、110万3107円の賠償命令をせよ。
3　控訴人らのその余の請求をいずれも棄却する。
4　訴訟費用は、第1、第2審を通じてこれを10分し、その1を被控訴人の負担とし、その余を控訴人らの負担とする。

【事実及び理由】

1　機動隊を含む警察職員の職務行為の違法性についての記載部分

「検討するに、平成28年7月19日頃以降、前記1（3）イ及びエ（イ）のとおり、機動隊員が複数回にわたって車両検問を実施し、運転者に行き先や目的を尋ねたり運転免許証の提示を求めたりしたこと、前記1（3）エ（イ）のとおり、警察職員がビデオカメラで抗議活動の様子等を撮影したことが何度もあったことが認められる。そして、証拠（甲26）によれば、一人の弁護士が、県道70号線において検問を行っていた警察官によって平成28年11月3日に道路に留め置かれビデオ撮影されたことが違法であるとして、沖縄県に対して損害賠償を請求する訴訟を提起し、那覇地方裁判所は、上記留め置き及びビデオ撮影がいずれも国家賠償法上違法な措置であったと認めて請求を一部認容したことが認められ、このことからすれば、上記訴訟の対象となった行為以外の警察職員の検問や撮影等の行為についてもその適法性あるいは相当性については疑問が生じ得るところである。

また、前記1（3）ウのとおり、同年7月22日、N1ゲート前において、機動隊員が座り込むなどしていた参加者を強制的に排除したこと、また、機動隊員において、道路上に置いてあった車両を強制的に移動させたこと、沖縄防衛局職員において、機動隊員の警護を受けながら、N1ゲート前に置かれていたテントを撤去したこと、これらの間に負傷した参加者がいて、中には救急搬送された者もあったことが認められるところ、本件全証拠によるも、機動隊員が警護して行われた沖縄防衛局職員による上記テントの撤去が法的根拠に裏付けられた措置であったかどうかについて疑義があるといわざるを得ないほか、車両の撤去についても、撤去された全ての車両について現に道路交通法に違反した状態で置かれていたかどうかは明らかでない。

そうすると、派遣された機動隊員を含む警察職員による平成28年7月以降の職務行為については、適法な範囲を超えた部分があったことを否定できず、必ずしも全て適正に行われていたとは評価することができないものといわざるを得ない。

しかし、現に行われた行為について上記のとおりの評価を免れないことを前提としても、沖縄県公安委員会による本件各援助要求が、上記のような違法又は不相当な職務行為を組織的に行うことを目的としてされたことを認めるに足りる証拠はない。

そして、本件各援助要求に基づき沖縄県に派遣中の警察官は、沖縄県公安委員会の管理の下において職務行為を行うものであるから、派遣中の警察官についても、その職務行為の適法性及び相当性を確保する職責を負うのは、沖縄県公安委員会及び沖縄県警察である。そうすると、本件各援助要求を受けた愛知県公安委員会としては、沖縄県公安委員会及び沖縄県警察が、派遣された警察官の職務行為を適法に管理することができないことが客観的に明らかであったとすれば、本件各援助要求の全部又は一部につき必要性がないことが客観的に明らかであるものとして本件各派遣決定をすべきでなかったものと解されるが、現に行われた警察としての職務活動の一部に仮に違法な部分があったとしても、沖縄県公安委員会及び沖縄県警察が管理能力に欠くことが客観的に明らかであったとはいえないから、本件各援助要求の一部に必要性がないことが客観的に明らかな部分があったと認めることはできない。なお、平成28年7月22日前後の職務行為に上記認定のとおり適法性に疑義のある部分があったとしても、2回目、3回目の派遣決定の際に今後行われるべき職務行為の全部又は一部につき、沖縄県公安委員会及び沖縄県警察において、派遣された警察官の職務行為を適法に管理することができないことが客観的に明らかであったとはいえず、これらについての援助要求にも必要性がないことが客観的に明らかであったと認めることはできない。

したがって、現に行われた警察活動の違法性を理由として、本件各派遣決定の全部又は一部が違法であるとする控訴人らの主張は採用することができない。」

2　本件各派遣決定は愛知県公安委員会事務専決規程2条ただし書の「異例又は重要と認められるもの」に当たることについての記載部分

「現に、平成28年7月21日、沖縄県議会は、警察官を大量動員してヘリパッド移設工事を進めようとする政府に抗議し、同年8月上旬、国会でも本件派遣や沖縄県での警察活動について質問がされ、同年9月6日、愛知県においても愛知県警察本部に対し機動隊の派遣中止を求める申入れがあったことが認められる。

そして、本件各派遣決定当時以前から、北部訓練場におけるヘリパッド移設工事の問題が政治的・社会的に大きな対立を生んでおり、防衛省がヘリパッド移設工事を推進しようとし、住民等が現地において抗議活動を行っていることは新聞等によって報道されており（上記1（2）エ（補正後））、その現地に機動隊員が派遣されて警備等に当たることは、社会的に大きい反響を呼ぶことも十分に予想され、現に、平成28年7月22日の前後には全国紙を含む新聞において大きく報じられている（上記1（2）エ（補正後））。

全国から派遣された機動隊員の員数の詳細は明らかにされてはいないものの、新聞報道によれば500人規模であるとされているところ、（上記1（2）エ（補正後））沖縄県警察において援助要求に関与した警察官は、全国の6都府県から機動隊を500名、5か月間呼ぶことはよくあることかと、問われ、員数を明言しないもののあまりないことである旨述べたこと（甲93）、原審における証人鈴木も、愛知県警察において、近時、米軍基地に関係した警備が問題となったことが本件派遣以外に記憶にない旨供述したことに鑑みれば、本件各派遣決定は、愛知県警察にとって前例の乏しいものであったことがうかがわれる。

以上によれば、本件各派遣決定は、その処理によって後日紛議を生ずることが予想され、かつ、社会的に反響の大きい事案に関するものであったということができるから、本件規程2条ただし書にいう「異例又は重要と認められるもの」に当たると解するのが相当である。」

3　本件各派遣決定は違法であることについての記載部分

「被控訴人は、本件派遣が実質的に愛知県公安委員会の意思決定に基づくものであるから、手続的違法があったといえない旨主張する。

しかし、都道府県公安委員会は、都道府県警察の民主的な管理に当たるものであるから、警察法上、援助要求に同意するかどうかは都道府県公安委員会が合議体として審議して判断すべきであるのが原則であるものと解される。上記1（5）（補正後）の認定事実によれば、本件各派遣決定は、愛知県公安委員会に報告されているものの、それは、いずれも事後的なものであることはもとより、期間、人数、業務内容の説明を伴うものの、個別審議において単に報告されたものに過ぎず、他の決裁・裁決・決定の案件と異なって、特段の意思決定行為があったものでない。証拠（当審における証人入谷正章）によれば、愛知県公安委員においては、上記報告の当時、本件各派遣決定が本件規程2条ただし書に該当し、これが専決によって行われたことの手続的違法について想到していなかったことが認められ、そうすると、上記報告の際に愛知県公安委員会において実質的に審議を行って事後的な援助同意を行い、あるいは専決したことに対する追認を行ったものと評価することはできない。

したがって、本件各派遣決定が愛知県公安委員会の実質的意思決定に基づくものと認めることはできず、本件各派遣決定は、専決で処理することが許されないものであったのに専決をもって行われたものであって、違法であるといわざるを得ない。被控訴人の上記主張は採用することができない。」

4　桝田の故意又は重大な過失についての記載部分

「上記4（補正後）のとおり、本件各派遣決定は手続的に違法であるというべきところ、本件各派遣決定が異例又は重要と認められるのは、北部訓練場におけるヘリパッド移設工事を含む米軍基地の問題が政治的・社会的に大きな対立を生んでいるという公知の事実を前提に、後日紛議を生ずることが予想され、また、現地で抗議活動が展開されており、全国から合計で数百名規模で機動隊員が派遣される内容であるという援助要求の前提となる事実自体から、社会的反響を呼ぶことが予想されることによるものである。

そうすると、専決に当たる桝田としては、本件各派遣決定が本件規程2条ただし書に当たるものであることを容易に認識することができたものと認められるから、これを看過して専決によって違法に本件各派遣決定をし、これを是正しないまま漫然と財務会計上の行為を行ったことについては、重大な過失があったものといわざるを得ない。」

5　車両及びテント撤去の違法性についての記載部分

「上記認定事実によれば、本件車両及び本件テントは、N1ゲート前の県道の路側帯に駐車されていたことが認められる。ところで、路側帯に駐車された車両は、道路交通法47条3項により、「他の交通の妨害」となる場合には違法駐車となる。そして、同法47条3項の「他の交通の妨害」となる場合としては、同法45条1項1号の規定の趣旨から、道路外に設けられた人の乗降、貨物の積卸し、駐車又は自動車の格納もしくは修理のため道路外に設けられた施設又は場所の道路に接する自動車用の出入口への車両の通行を妨害する場合も含まれると解される。しかし、北部訓練場は、上記施設又は場所には該当しないから、N1ゲート前の路側帯に駐車された車両は、同法47条3項に違反するものではなく、同項は本件車両を撤去する根拠とはならない疑いが強い。

また、N1ゲート前の路側帯に置かれていた本件テントは、同法76条3項により、「交通の妨害」となるような方法で道路に置かれた場合には同項に違反する。しかし、北部訓練場は同法45条1項1号の施設又は場所には該当しないから、北部訓練場への車両の通行を妨害することが「交通の妨害」とはならず、同法76条3項は、本件テントを撤去する根拠とはならない疑いが強い。

そして、他に本件車両及び本件テントを強制的に撤去する法的根拠は見当たらない。

そうすると、平成28年7月22日の本件車両及び本件テントの撤去は、違法である疑いが強い。」

6　援助要求及び派遣決定の違法性

「そして、上記認定の本件車両及び本件テントの撤去を含む警察の行動の態様等によれば、同撤去を含む警察の行動は、沖縄県警察の警察官、平成28年7月12日に沖縄県公安委員会が行った援助要求に応じて派遣された都府県警察の警察官及び沖縄防衛局の職員が、組織的、計画的に行ったものであり、上記の警察官を指揮した沖縄県警察においては、上記撤去が違法である疑いが強いことを認識しながら、敢えて上記撤去を含む行動を計画し、上記援助要求を行ったものと推認することができる。

そうすると、上記援助要求には、重大な瑕疵があるというべきである。

しかし、上記援助要求において、本件車両及び本件テントの撤去を行う計画など具体的な行動内容を示したことを認めるに足りる証拠はないから、援助要求を受けた愛知県警察において、同援助要求に重大な瑕疵があることを認識し得たとは認めるに足りない。また、引用に係る原判決の「事実及び理由」中の第3の3（2）（補正後）のとおり、本件各派遣決定のいずれの時点においても、ヘリパッド移設工事に対して想定される大規模な抗議活動に伴う違法行為の予防・取締りのために他の都道府県警察から警察官の派遣による援助を受けることは合理的であったといえる。これらのことに鑑みると、上記援助要求に対して愛知県警察が行った第1回の派遣決定が違法となるとは、認めるに足りない。」

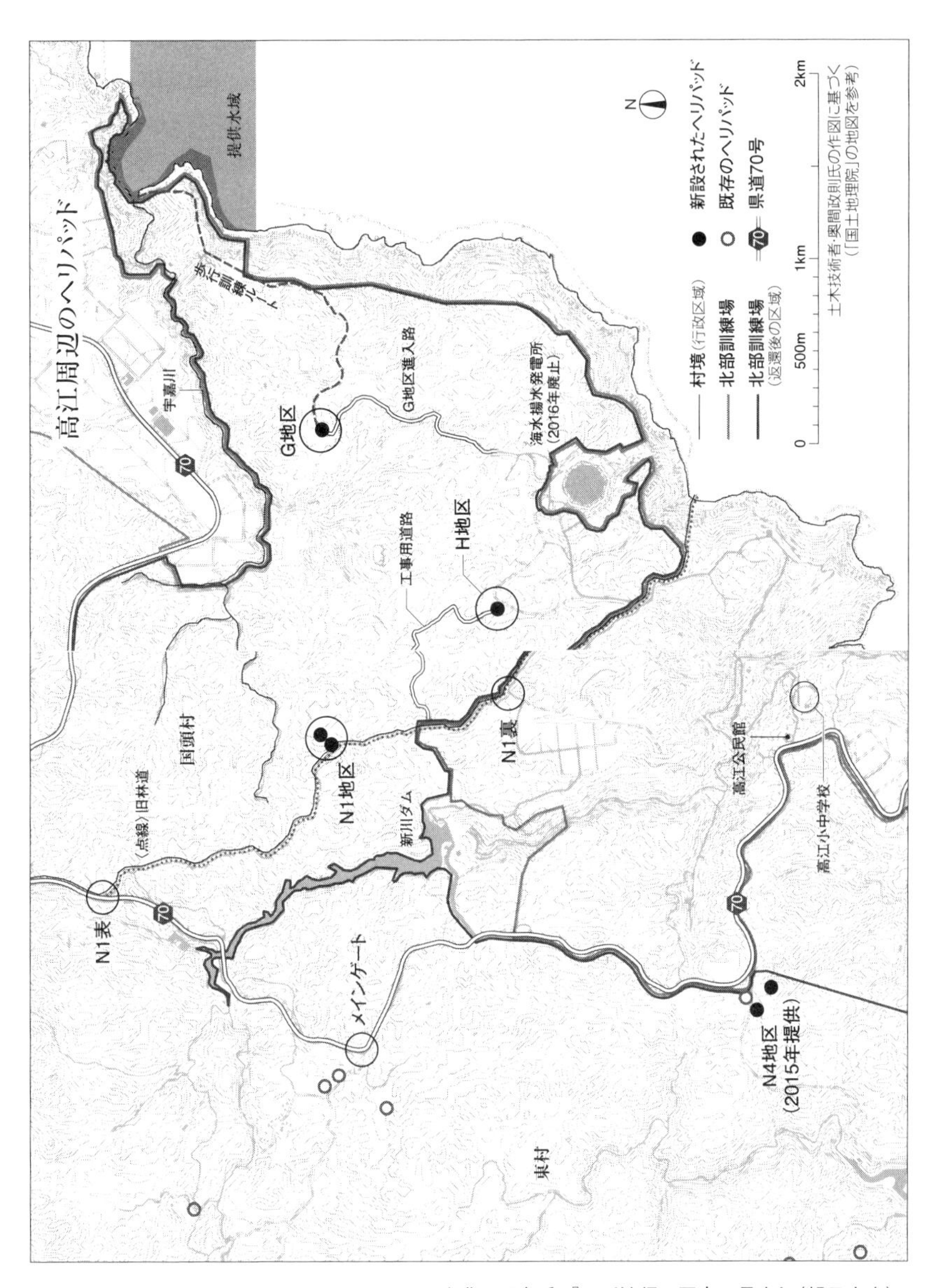


出典：阿部岳『ルポ沖縄　国家の暴力』（朝日文庫）

2016年（平成28年）7月23日 土曜日　沖縄タイムス

# 県民押しつぶす国

街宣車の屋根部分から機動隊に引きずりおろされる男性＝22日午前9時すぎ、東村高江のN1地区出入り口（[illegible]撮影）

## 警察官500人で制圧

### 強制排除 男性が骨折

東村高江周辺のヘリパッド建設の再開に着手した政府は22日、反対の市民を排除する約500人の機動隊員らを投入し、専門家から「法の乱用」と指摘される県道封鎖まで実行した。なりふりかまわずに市民を退けた場面は、戦前の「戒厳令」を彷彿させた。（1面参照）

「落ちる！」「危ない！」。N1表ゲート前の車上でもみ合う市民と機動隊員らの様子は緊迫、抵抗する市民の足はがくがく震えていた。「排除！」。炎天下に号令が響いた22日午前8時55分、機動隊員らが一斉にN1表ゲート前の街宣車2台によじ登り、車上に座り込む市民を引きずり降ろしにかかった。

車上の激しいもみ合い。小さな街宣車の不安定な足場に機動隊員らが次々押し寄せ、あわや「死者が出かねない」（車上にいた[illegible]さん）事態に。街宣車周辺には市民の怒号や悲鳴、おえつがごちゃまぜになって響いた。引きずり降ろされたり、余りの激しい「排除」にショックを受けて気を失い、救急搬送されたりする女性も。9時10分、警察側から「ストップ！」の号令がかかり、市民も車上から降りた。

その1時間半後—。「いったん退くことを判断した」と市民を率いる沖縄平和運動センターの山城博治議長が一時撤退を宣言。「2日間で5人の救急搬送者を出した。辛いです、悔しいです。悲しいです。もうこれ以上は限界だ」。袖の破れた作業服が、緊迫の事態を物語っていた。

市民には〝秘策〟もあった。機動隊の到着前の午前3時、月明かりを頼りに[illegible]北約1キロ、県道70号の両端に駐車する市民の車160台余りを中央線に寄せる作戦をスタート。「レッカー車や作業車が通れない」ようにし、多数の機動隊に挑む計画だった。

南北それぞれから挟み込む機動隊員らに、約200人の市民はすし詰め状態の車両の合間に入ったり、傾斜地の草むらに回り込んだり、道ばたに寝転んだりして「弱い市民の精いっぱいのゲリラ戦」（山城議長）であらがった。それでも[illegible]ながら6時間以上の攻防の末、機動隊は表ゲート前にたどり着いた。午後0時35分、突然降り始めたどしゃぶりの中で静かに始まった市民テントの撤去。残った市民十数名は立ち尽くすしかなかった。

### 「頭に肘打ち5回」

強制排除 3人は救急搬送

機動隊による強制排除では、50代の男性が肋骨を骨折し全治1カ月のけがを負ったほか、首を押さえつけられた市民ら3人が救急搬送された。

骨折した男性は、街宣カーの上で引きずり降ろされないように[illegible]をつかんでいたところ、機動隊員に背中を強く押しつけられて肘を5回も打たれた。「頭に肘打ちを5回もされた。ものすごい暴力だった」と非難、[illegible]分で病院に行き、全治1カ月と診断された。

救急搬送された男性(42)は、倒れたところに胸を機動隊員の膝で押さえつけられたという。「こんなことをされると萎縮してしまう」と話した。

また、車上から引きずり降ろされないように、腕や首にビニールひもを巻いた女性(52)はもみ合いの中にひもで首が絞まり、その後立てなくなって救急搬送された。「機動隊員の暴挙を[illegible]じた」と語った。

### 防衛局 テント撤去

市民活動9年支える

市民がN1地区出入り口に張ったテントは22日、沖縄防衛局が撤去した。2007年に座り込みが始まって以来9年間の思い出が詰まったテントだった。

「見たくないけど、現実として見ないと」。ヘリパッドいらない住民の会の安次嶺現達さん(57)は、警備員や機動隊員による[illegible]の人垣越しに解体作業を見つめた。

「寄せ書きや亡くなった仲間の写真、思いがこもったたくさんの品があるのに、こんなにも簡単に排除されてしまった」と嘆く。「きょうは壊れた」「あしたからまた声を上げていきたい」と前を向いた。

伊佐育子さん(55)は「9年間暮らした家みたいなものだから」と、壊されていくのを正視できなかった。テントの中にあった品々は防衛局が一部を持ち去ってしまった。工事用のプレハブなどが建つ緑地を見て、「景色が変わってしまった。でも、住民の私たちはここを動かない」と向かいのテントで語った。

### 県道封鎖「戒厳令か」

市民怒号 県職員も足止め

「なぜ通れない」「トイレにも行かせないのか」。22日午前6時、突然封鎖された東村高江の県道70号。新川ダム入り口の交差点で愛知県警機動隊のバスが両側2車線をふさぎ、北上しようとする全ての人と車の通行を一時遮断した。「人権侵害だ」「戒厳令か」と行く手を阻まれた市民の怒号が響く。警察官に詰め寄ったが、県警の現場指揮官は「危険なので規制している」との説明を繰り返した。

県警の警察官らが車両を止め、Uターンかダム方面への迂回を指示。規制区域内から出てくる車両に対しては「出たら戻れない」「徒歩でも入らせない」と説明。多くの人が「規制を示せ」「移動の自由の侵害だ」などと抗議したが聞き入れられず、トイレや飲食物の補給を諦めて引き返す姿が目立った。

報道関係者や県職員も例外でなく、足止めされる車両が相次いだ。行く手を阻まれた記者が「不当な取材規制だ」と抗議しても、県警の担当者は「とにかく通さない」の一点張り。取材記者の交渉の末、規制後まで警察官同行の条件付きでようやく認めるほどの厳戒態勢を敷いた。

県道管理者権限によると[illegible]約8時50分ごろ、県北部土木事務所の職員が[illegible]

### 「法の乱用」専門家指摘

県警と沖縄防衛局は抗議運動の〝拠点〟だったゲート前の車両とテントを排除した。政府は当初「検問、県道封鎖、住民排除」の方針を[illegible]

[illegible]

警察が一時封鎖した県道70号＝22日午前11時12分、東村高江（本社チャーター・ヘリから）

「沖縄タイムス」2016年7月23日（沖縄タイムス社提供）

中日新聞（夕刊） 2016年（平成28年）12月14日（水曜日） ©中日新聞社2016 （日刊）

中日新聞 夕刊

発行所 中日新聞社 名古屋市中区三の丸一丁目6番1号 〒460-8511 電話052(201)8811

2016年（平成28年）12月14日（水）

# オスプレイ浅瀬で大破

## 訓練中不時着 米軍、運用停止に

沖縄県名護市の海岸に近い浅瀬で大破したオスプレイ＝14日午後0時15分

米軍普天間飛行場（沖縄県宜野湾市）所属の新型輸送機オスプレイ一機が不時着した事故で、機体は同県名護市の約八十㍍沖の浅瀬で胴体と翼が分離し大破した。稲田朋美防衛相は十四日、マルティネス在日米軍司令官に対し、安全が確認されるまでのオスプレイ飛行停止を要請。米側は当面運用を停止する考えを日本側に伝えた。＝「いつか犠牲者が」13面、関連3面

米軍側は、空中給油機から給油を受ける訓練中、燃料を渡すホースが切れて機体が不安定になり、普天間飛行場に帰還しようとしたが、陸地の上空で不具合が生じる事態を避けるため、浅瀬を選んで不時着したと日本政府に説明した。

発見場所は、普天間飛行場移設先である名護市辺野古の米軍キャンプ・シュワブから数キロ離れた浅瀬。沖縄県は移設を巡り政府と激しく対立しており、翁長雄志知事は沖縄防衛局長らとの会談で「直ちにオスプレイの飛行を中止して配備撤回を求めたい」と述べ、名護市の稲嶺進市長は「基地ができれば危険度が増すのは火を見るより明らかだ」と語るなど、さらに反発を強めた。

安倍晋三首相は記者団に「大変遺憾だ。オスプレイ飛行の安全確保が大前提だ」と述べた。

事故は十三日午後九時半ごろ発生。搭乗員五人は米軍に救助され二人がけがをした。機体の損傷は激しいが、稲田氏は「コントロールを失った状況ではなく自発的に着水したと聞いている。墜落ではない」と説明した。

第十一管区海上保安本部（那覇）は、海保の捜査を受け入れるよう米軍に口頭で申し入れた。

事故を起こしたのは米海兵隊のMV22オスプレイ。二〇一二～一三年にかけ計二十四機が普天間に配備された。開発段階から事故が相次ぎ、安全性への懸念は根強い。一方で防衛省は輸送能力の高さを評価。陸自が十七機を導入、一九年度から順次佐賀空港（佐賀市）に配備する計画がある。米軍が陸自木更津駐屯地（千葉県）をオスプレイ定期整備の拠点とする予定もある。佐賀県の山口祥義知事は「原因がうやむやなままで受け入れに関する議論はありえない」と述べた。

沖縄県警には当初、事故現場が同県うるま市沖と情報が入ったが、その後、詳しい場所が判明した。

### 首相「大変遺憾」

### 沖縄知事「墜落と認識」

沖縄県は、オスプレイ事故の原因の徹底究明と公表を米軍や日本政府に求めるとともに、不時着機も所属する米軍普天間飛行場へのオスプレイ配備をやめるよう要求を強める構えだ。同機の運用計画がある名護市辺野古での普天間代替施設建設に反対する県民の声も高まる公算が大きい。

翁長雄志知事は外務省の川田司沖縄担当大使、防衛省沖縄防衛局の中嶋浩一郎局長と県庁で会談し「不安が現実になり、大きな衝撃を受けている。県民の不安と安全を無視した米軍の対応が事故につながった。直ちにオスプレイの飛行を中止して配備撤回を求めたい」と抗議した。

事故について「県としては、機体が大破している状況から（不時着ではなく）墜落だと認識している」とも伝えた。

辺野古の米軍キャンプ・シュワブゲート前では、移設に反対する約三十人が「米軍にやりたい放題させてはいけない」と訴えた。

二十二日には、オスプレイが運用されるヘリコプター離着陸帯（ヘリパッド）の建設を条件として、沖縄本島北部にある米軍北部訓練場が日本側に部分返還される。

### 米国防総省「原因究明努める」

【ワシントン＝石川智規】米国防総省のデービス報道部長は十三日、記者団に対し、沖縄県沖に米軍の新型輸送機オスプレイ一機が不時着したことについて「原因究明に努め、再び同じことが起きないようにする」と述べた。

事故を受けて沖縄県民の反基地感情が高まるのではとの記者団の質問に、デービス氏は「まだ起きたばかり。まずは事実を確認する」と回答を避けた。その上で「オスプレイの輸送能力は重要。日本や地域の安全に貢献している」と強調した。



きょうの紙面

転覆 1人死亡8人不明 13

日ロ交渉 基盤再構築を 2

投獄の記者 最多259人 3

ノロウイルス患者急増 12



「中日新聞」2016年12月14日（共同通信配信）
（この記事は中日新聞社の許諾を得て掲載しています。）

# 機動隊高江派遣は「違法」

## 愛知県警に賠償命令

### 名古屋高裁 住民側が逆転勝訴

東村高江周辺の米軍ヘリパッド建設に愛知県警が機動隊を派遣したのは違法として、隊員の給与など約1億3千万円を当時の県警本部長に賠償させるよう愛知県に求めた住民訴訟の控訴審判決で、名古屋高裁（倉田慎也裁判長）は7日、派遣手続きの違法性を認め、約110万円の賠償を命じた。

（31面に関連）

請求棄却の一審判決が変更され、住民側は「逆転勝訴」と評価した。住民側によると、機動隊を派遣した6都府県と派遣された沖縄で住民監査請求や住民訴訟が起きているが、請求が認められたのは初めて。

倉田裁判長は判決理由で、派遣決定が県警本部長の専決で処理された点を問題視。「決定は愛知県公安委員会の実質的意思決定に基づいておらず、違法だと言わざるを得ない」と判断した。派遣隊員の時間外勤務手当分約110万円の損害を当時の愛知県警本部長に賠償させることを愛知県知事に求めた。

工事が着手された2016年7月22日、現場周辺にあった抗議市民の車両やテントを機動隊員らが撤去した行為は「法的根拠が見当たらない」「違法である可能性が強い」と述べた。沖縄側がそのことを認識しながら派遣を要求したことには「重大な瑕疵がある」と批判した。

また、高江周辺で繰り返された警察官による車両検問、抗議行動の撮影は「違法性あるいは相当性については疑問が生じ得る」と疑問視した。

愛知県警の萩原生之監察官室長は「判決内容を検討した上、今後の対応を決める」とのコメントを出した。沖縄県警は7日中にコメントしなかった。

住民側は請求が認められなかった部分を検討し、上告するか判断する。

北部訓練場の一部返還に伴う6カ所のヘリパッド建設は07年に始まったが、高江住民らの反対で進展しなかった。政府は16年、残っていた4カ所の着工を決定。6都府県から機動隊員約500人が派遣され、政府は同年末に完成を宣言した。

**判決骨子**

- 愛知県警本部長が機動隊の高江派遣を専決したのは違法
- 愛知県知事は県警本部長に機動隊員の時間外勤務手当約110万円の賠償を命令せよ
- 車両とテントの撤去は違法である疑いが強い
- 沖縄県警の援助要求には重大な瑕疵
- 検問や抗議活動の撮影の適法性・相当性には疑問が生じうる

「沖縄タイムス」2021年10月8日（沖縄タイムス社提供）

# 「画期的」原告ら沸く

## 沖縄と本土 訴訟で連帯

東村高江周辺の米軍ヘリパッド建設に対する抗議をねじ伏せるため、全国から機動隊員を派遣したことがついに違法と判断された。名古屋高裁が住民側の逆転勝訴判決を言い渡した7日、原告らは「画期的」「これだけ明確に違法性を認めてくれるとは」と喜びに沸いた。抗議行動と訴訟を通し、沖縄と本土の連帯が広がった。

（1面参照）

**機動隊派遣 逆転勝訴**

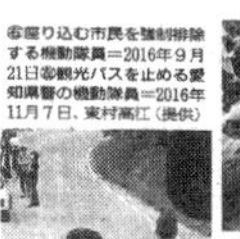

㊨座り込む市民を強制排除する機動隊員＝2016年9月21日㊧観光バスを止める愛知県警の機動隊員＝2016年11月7日、東村高江（提供）

「勝てるとは思わなかった」と喜びに浸る原告団長の具志堅邦子さん(66)は名護市出身。40年近く暮らす愛知県から故郷に機動隊が向かい、「加害者にされた」ことに衝撃を受け、違法を問うてきた。

原告193人のうちウチナーンチュは4人だけで、本土の人が圧倒的に多い。「みんなの怒り、沖縄を知ろうとする意欲に励まされた。沖縄と本土の連帯はこれからだ」と語った。

沖縄平和市民連絡会の北上田毅さん(75)も逆転勝訴に驚いた。「想像になるが、裁判官が機動隊派遣そのものを問題視したからこそ、細部まで問題をチェックしたのでは」とみる。

機動隊を派遣した6都府県の住民に監査請求を呼び掛け、沖縄では自ら中心になって動いてきた。「沖縄と各地が連携した苦労が報われた。今回の判決は全国の訴訟で引用できる」。沖縄、東京でも続く法廷闘争の後押しになることを期待した。

「ヘリパッドいらない」住民の会の伊佐育子さん(60)は「私たちがずっと訴えていたことが認められた。愛知の皆さんのおかげだ」と感謝した。

2007年の着工から抗議を始め、機動隊が最初に大量投入された16年7月も現場にいた。「テントは撤去できないはずだった。この国には法がないのかと思った」と振り返る。

一審名古屋地裁では高江住民として証言台に立ち、ヘリパッドによる騒音被害などを訴えた。今も座り込みを続けており、「判決は沖縄にとって、とても明るい希望になった」と話した。

## 専決処分手続き問題視

### 警察の独断 厳しく追及

愛知県警機動隊の高江派遣を問うた住民訴訟の名古屋高裁判決は、県警が県公安委員会の承認を得ないまま専決処分した手続きを問題視し、派遣を違法と判断した。住民側は「警察の独断専行を厳しく追及した」と歓迎した。

愛知県には「異例または重要」な案件では、県警が専決する前に公安委の承認を得るという規定がある。高裁判決はヘリパッド建設に反対する沖縄県議会の意見書などを挙げ、機動隊派遣は論争になることが予想され「異例または重要」な案件だったのに、愛知県警が事前承認を得ずに専決したと認定した。

昨年3月の一審名古屋地裁判決は専決が不備だった可能性を認めつつ、事後的に公安委の承認を得たため「瑕疵は治癒された」と追認した。一方、高裁判決は公安委が事後も実質的に審議していないことを重視し、反対の結論を出した。

審理を通して住民側は、警察を管理し、民主的運営と政治的中立を確保する公安委制度の骨抜きを批判していた。弁護団の長谷川一裕事務局長は「警察権力の暴走に鋭い批判を加えた勇気ある判断だ」と評価した。

同上

甲第155号証

～明るくしなやかに、したたかに～

# たかえのいまを、たたかいぬこう。

やんばるの豊かな森を切り裂く直径75mのオスプレイ発着訓練施設。
ここ高江に造られようとしているのは、多種多様な動植物の住処を奪い
殺人訓練を行う軍事施設である。

強行される建設工事に対し
非暴力不服従・直接行動の粘り強いたたかいが、今も続けられている。

## 『排除、圧殺。』

7月22日、全国から集められた機動隊500名以上を動員し戒厳令下のごとく行われた県道70号線沿いの通称「N1テント」強制排除。問答無用で突きつけられた8月5日期限の「N1裏テント」撤去勧告。

10年以上にわたる非暴力・不服従の粘り強い反対運動に対し、ついに国家権力は圧倒的な暴力による排除へと踏み出したのだ。

## 『50人なら、ダンプを3時間止められる。』

8月20日6時45分。北からやってきた作業車両は50人の座り込みによって立ち往生。対する機動隊は30名ほど。これでは手出しできない。

30分ほどのにらみ合いの後、作業車両は南へ転回。機敏に対応した仲間たちは素早く高江橋上へ移動、ピケを張る。

機動隊は人員を増強し高江橋へと向かうものの、橋上での排除は危険を伴うため容易には手出しできない。

「橋上で不測の事態が起これば ただではすまない」「落下事故が起きたらどう責任を取るんだ！」―― 仲間の弁護士から機動隊へ、容赦ないプレッシャーがかけられる。保身を旨とする機動隊が混乱していることが容易に見てとれる。

強制排除が始まったのはそれから1時間以上を経過してからであった。一人、また一人とゴボウ抜きされカマボコ車両の間へ押し込められ、機動隊の壁が築かれていく。目の前をダンプが次々と通り過ぎていく…。

作業車両がN1ゲートへと入ったのは、当初の予定を3時間以上経過した後であった。

## 『300人なら一日止められる。』

9月3日、「基地の県内移設に反対する県民会議」の呼び掛けによる初の一斉行動。300人以上の市民が高江に集まった。

4時間にわたるN1ゲート前集会とその後の高江橋上での座り込みに対し、機動隊は遠巻きに監視することしかできない。午後3時、当日中の作業車両搬入なしが確認され、一斉行動は橋の上でのカチャーシーで幕を閉じた。

われわれはついにあの7月22日以来初めてとなる、終日にわたる搬入阻止を成功させたのだ！

暴力を振りかざせば振りかざすほど、世界は注目し矛盾があらわになる。
力で押さえ付ければ押さえ付けるほど、反発は強まり抵抗の輪が拡がっていく。

今こそ、やんばるの森、高江へ！！

高江の非暴力不服従の座り込み運動チラシ（表面）

# 非暴力不服従、直接行動のすわりこみによってヘリパッド建設を阻止しましょう！

粘り強いたたかいを続けることで、必ずオスプレイパッド建設は食い止められます。
「一人でも多くの仲間に集まってほしい。」
共にすわりこみましょう。

## ✔高江のたたかいは、「非暴力」「不服従」「直接行動」です

・**非暴力**…機動隊の暴力に対し、暴力で対抗してはいけません。暴力の応酬が何も解決しないことを私たちは知っています。また、暴力性を帯びた反対運動が大衆的支持を得ることは難しいでしょう。

・**不服従**…どれだけ力で押さえ付けられひどい目にあわされても、私たちは決して屈しません。何度でも立ち上がり、態勢を立て直し、理不尽な暴力に対抗します。力で私たちを従わせることはできません。

・**直接行動**…抗議活動は、道路やゲート前に座り込んで工事車両の搬入を止める／スクラムを組んで排除に抵抗する等、工事を強行しようとする力に直接対峙する形で行います。

もちろん、体力に自信のない方や現場の混乱に少しでも不安を感じる方には、それぞれのたたかい方があります（路肩から権力の不当な暴力を監視する、写真や動画を撮影しSNSで拡散する等）。

## 明るく、楽しく、しなやかに

抗議活動の現場は切羽詰まった状況ばかりではありません。

時として歌をうたい楽器を弾き、手を取り合い踊り、スピーチにはユーモアがあふれます。

常に限界ぎりぎりだからこそ、楽しむ余裕を。それが長続きする秘訣です。

## ✔N1裏テントに泊まろう

すわりこみ行動は、工事車両の搬入に合わせ早朝から行われます。また、周辺には宿泊施設や飲食店が少なく不便を感じることが多いかもしれません。遠隔地からの参加者の方々、より多くの時間をやんばるの大自然の中で過ごしたい方、他の参加者と語らい情報交換したい方などなど…は、ぜひN1裏テントに宿泊を。最寄りのバス停まで送迎もできます。

皆で食事をとり、明日に備えます。

寝具は豊富にあります。

ヤンバルクイナに会える…かも。

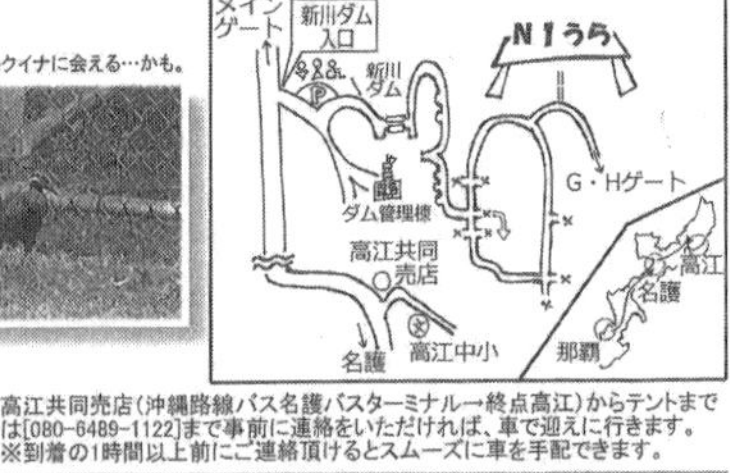


高江共同売店（沖縄路線バス名護バスターミナル→終点高江）からテントまでは[080-6489-1122]まで事前に連絡をいただければ、車で迎えに行きます。
※到着の1時間以上前にご連絡頂けるとスムーズに車を手配できます。

## ✔現場からのメッセージ

先日、政府は自衛隊を高江の米軍基地建設に投入！軍隊を自国の民、沖縄に向けるという前代未聞の暴挙に出ました。恐ろしい時代の幕開けです。

そして高江が都市部から離れた僻地である事を隠れ蓑に、違法な環境破壊、道路封鎖、検問、市民弾圧を堂々と行っています。

皆さん是非高江に来てその全てを見てください。

安倍政権が沖縄を力で蹂躙し服従させようとするなら、私達も腹を据えて座り込み共に沖縄の未来を守りましょう。

現地実行委員会
代表　山城博治

## ✔カンパのお願い

高江ヘリパッド建設阻止行動は皆様からのカンパに支えられております。日頃のご支援を心より感謝申し上げます。

琉球銀行大宮支店
普通　店番404　口座番号607754
名義　間島孝彦（マジマタカヒコ）

ゆうちょ銀からゆうちょ銀へのお振り込み
記号17000　番号15149791
名義　玉城聖子（タマシロセイコ）

都銀からゆうちょ銀へのお振り込み
店番708　番号15149791
名義　玉城聖子（タマシロセイコ）

## ✔連絡先

**県民会議オスプレイ・ヘリパッド建設阻止高江現地実行委員会**（代表：山城博治）
080-6489-1122 / freetakae@ezweb.ne.jp
〒905-1201　沖縄県東村高江N1裏テント　阻止実行委員会　山城博治（郵便物・支援物資ともにこちらの住所で届きます）

高江の非暴力不服従の座り込み運動チラシ（裏面）

| 原議保存期間 | 1年（平成30年3月31日まで） |
|---|---|
| 有効期間 | 二種（平成28年12月31日まで） |

警察庁丁備発第283号
平成28年7月11日
警察庁警備局警備課長

関係管区警察局広域調整部長
警視庁警備部長　殿
関係府県警察本部長

沖縄県警察への特別派遣について（通知）

みだしの件については、沖縄県公安委員会から関係都府県公安委員会あて要請が行われる予定であるが、派遣期間及び派遣部隊については次のとおりであるから、派遣態勢に誤りなきを期されたい。

記

1　派遣期間及び派遣部隊

| 派遣期間 | 派遣部隊 | 人員 |
|---|---|---|
| [墨塗り] | 警視庁 | [墨塗り] |
| | 警視庁 | |
| | 千葉県警察 | |
| | 神奈川県警察 | |
| | 福岡県警察 | |
| | 愛知県警察 | |
| | 大阪府警察 | |
| 計 | | |

2　その他

特別派遣に伴う帯同装備、車両等具体的事項については、関係警察相互間において連絡協議されたい。

連絡先
警察庁警備局警備課企画係
[墨塗り]警部（警電[墨塗り]）

2016年7月11日付 警察庁警備課警備課長による沖縄県警察への特別派遣通知

| 原議保存期間1年未満（平成28年12月31日まで） | |
|---|---|
| 分類番号 | A 1 1 1 |

沖公委（備二）第22号
平成28年7月12日

東京都公安委員会
千葉県公安委員会
神奈川県公安委員会
愛知県公安委員会
大阪府公安委員会
福岡県公安委員会
殿

沖縄県公安委員会

警察職員の援助要求について

警察法第60条第1項の規定に基づき、次のとおり警察職員の援助を要求します。

記

1 派遣を必要とする理由
沖縄県内における米軍基地移設工事等に伴い生ずる各種警備事象への対応

2 援助を必要とする期間及び人員

| | 派遣期間 | 派遣人数 |
|---|---|---|
| 警視庁 | | |
| 千葉県警 | | |
| 神奈川県警 | | |
| 愛知県警 | | |
| 大阪府警 | | |
| 福岡県警 | | |

3 特別派遣部隊の任務
米軍基地移設工事等に伴い生ずる各種警備事象への対応

4 帯同装備品等

※その他の資機材等については別途連絡します。

| 担当係 | 実施第二係 | 警電 | |
|---|---|---|---|

2016年7月12日付 沖縄県公安委員会による援助要求通知

備 警 発 第 2 9 9 8 号
平 成 2 8 年 7 月 1 3 日

沖 縄 県 公 安 委 員 会　　殿

愛 知 県 公 安 委 員 会

警察職員の援助要求の同意

平成28年7月12日付沖公委（備二）第22号をもって、警察法第60条第1項の規定に基づき援助要求のあった警察職員については要求どおり援助派遣することに同意します。

なお、援助派遣する警察職員等は次のとおりです。

1　派遣期間

2　派遣人員

愛知県警察

3　装備資機材

(1) 個人装備

(2) 部隊装備

(3) 個人携行品

4　派遣方法

フェリーにて沖縄県に至る。

以上

2016年7月13日付 愛知県公安委員会による警察職員の援助要求の同意

税外収入個別表（その１）

作成　令和 5年 5月 9日
令和 5年度
令和 5年 4月分

| 決議等年月日 | 摘 | 要 | 予算配当額 円 | 予算配分額 円 | 予算配当現在額 円 | 調定額 円 | 納期限 | 督促状発行 | 収入済額 円 |
|---|---|---|---|---|---|---|---|---|---|
| R 5. 4. 14 | G80003 | 愛知県警察本部長 | | | | | R 5. 4. 14 | | 248, 175 |
| R 5. 4. 14 | G80003 | 愛知県警察本部長 | | | | | R 5. 4. 14 | | 700, 373 |
| R 5. 4. 14 | G80003 | 愛知県警察本部長 | | | | | R 5. 4. 14 | | 32, 162 |
| R 5. 4. 14 | G80003 | 愛知県警察本部長 | | | | | R 5. 4. 14 | | 849 |
| R 5. 4. 17 | G0337966632 | マイナミ空港サービス（株） | | | | 580, 456 | R 5. 5. 2 | | |
| R 5. 4. 18 | 20230000 | 桝田　好一 | | | | 1, 103, 107 | R 5. 5. 22 | | |
| R 5. 4. 20 | 530273 | あいおいニッセイ同和損害保 | | | | 41, 350 | R 5. 5. 8 | | |
| R 5. 4. 21 | | | | | | 10, 030 | | | 10, 030 |
| R 5. 4. 28 | 20230000 | 桝田　好一 | | | | | R 5. 5. 22 | | 1, 103, 107 |
| R 5. 4. 28 | 530294 | 中部電力パワーグリッド（株 | | | | | R 5. 4. 30 | | 15, 900 |
| R 5. 4. 28 | G0337966632 | マイナミ空港サービス（株） | | | | | R 5. 5. 2 | | 580, 456 |
| R 5. 4. 28 | 530273 | あいおいニッセイ同和損害保 | | | | | R 5. 5. 8 | | 41, 350 |
| R 5. 4. 28 | | | | | | 2, 820 | | | 2, 820 |
| | 本月分計 | | 316, 073, 999 | 137, 707, 000 | 178, 366, 999 | 4, 682, 379 | | | 4, 142, 045 |
| | 調定減額 | | | | | 824 | | | 0 |
| | 純　計 | | | | | 4, 681, 555 | | | 4, 142, 045 |
| | 累　計 | | 316, 073, 999 | 137, 707, 000 | 178, 366, 999 | 4, 681, 555 | | | 4, 142, 045 |
| | 本月分計 | | 316, 073, 999 | 137, 707, 000 | 178, 366, 999 | 4, 682, 379 | | | 4, 142, 045 |
| | 調定減額 | | | | | 824 | | | 0 |
| | 純　計 | | | | | 4, 681, 555 | | | 4, 142, 045 |
| | 累　計 | | 316, 073, 999 | 137, 707, 000 | 178, 366, 999 | 4, 681, 555 | | | 4, 142, 045 |
| | 本月分計 | | 653, 536, 017 | 138, 547, 044 | 514, 988, 973 | 29, 134, 778 | | | 4, 142, 045 |
| | 調定減額 | | | | | 824 | | | 0 |
| | 純　計 | | | | | 29, 133, 954 | | | 4, 142, 045 |
| | 累　計 | | 653, 536, 017 | 138, 547, 044 | 514, 988, 973 | 29, 133, 954 | | | 4, 142, 045 |
| | 本月分計 | | 1, 625, 003, 017 | 138, 547, 044 | 1, 486, 455, 973 | 275, 473, 594 | | | 5, 887, 745 |
| | 調定減額 | | | | | 518, 824 | | | 0 |
| | 純　計 | | | | | 274, 954, 770 | | | 5, 887, 745 |
| | 累　計 | | 1, 625, 003, 017 | 138, 547, 044 | 1, 486, 455, 973 | 274, 954, 770 | | | 5, 887, 745 |
| R 5. 4. 1 | | | 4, 256, 000, 000 | | | | | | |
| R 5. 4. 1 | | | -4, 256, 000, 000 | | | | | | |
| | | | 0 | | | | | | |
| R 5. 4. 1 | | | 131, 000, 000 | | | | | | |
| R 5. 4. 1 | | | -131, 000, 000 | | | | | | |
| | 本月分計 | | 0 | 0 | 0 | 0 | | | 0 |
| | 累　計 | | 0 | 0 | 0 | 0 | | | 0 |
| R 5. 4. 1 | | | 1, 802, 000, 000 | | | | | | |
| R 5. 4. 1 | | | -1, 802, 000, 000 | | | | | | |
| | | | 0 | | | | | | |
| R 5. 4. 1 | | | 47, 000, 000 | | | | | | |
| R 5. 4. 1 | | | -47, 000, 000 | | | | | | |
| | 本月分計 | | 0 | 0 | 0 | 0 | | | 0 |
| | 累　計 | | 0 | 0 | 0 | 0 | | | 0 |
| | 本月分計 | | 0 | 0 | 0 | 0 | | | 0 |
| | 累　計 | | 0 | 0 | 0 | 0 | | | 0 |
| | 本月分計 | | 0 | 0 | 0 | 0 | | | 0 |
| | 累　計 | | 0 | 0 | 0 | 0 | | | 0 |
| | 本月分計 | | 0 | 0 | 0 | 0 | | | 0 |
| | 累　計 | | 0 | 0 | 0 | 0 | | | 0 |
| | 本月分計 | | 13, 758, 836, 017 | -364, 399, 066 | 13, 394, 436, 951 | 403, 373, 139 | | | 125, 400, 604 |

愛知県の税外収入資料
2023年4月18日 機動隊派遣当時の愛知県警察本部長桝田好一により、愛知県に賠償金110万3107円が支払われる。

# あとがき

私たちの闘いは、２０１６年7月22日、沖縄県東村高江のヘリパッド建設のために、機動隊が派遣され、工事を強行したことに対する抵抗から始まりました。

２０１7年5月の住民監査請求から、名古屋地裁への提訴、地裁敗訴判決、高裁逆転勝訴判決、２０２3年3月最高裁での上告棄却による勝訴確定まで、紆余曲折あり、大変なことも多かったですが、全力で取り組み勝ち取った成果を多くの市民の皆様と共有したいという思いから本書を刊行することになりました。

裁判は、機動隊派遣に要した公金支出の違法性を問うものでしたが、根本は「沖縄にどう向き合うべきか」を主眼としていました。裁判を通じ世論に「沖縄」を遠い地の物語のように考えてはならないことを訴えかけることを目的としていました。私たち一人一人の沖縄に対する向きあい方を問うものでした。

私たちの闘いは、思いは、日本国民一人一人に伝わったでしょうか。私たちは全力で闘って成果をあげたと思っていても、日本各地では今もオスプレイが飛び続け、パレスチナ、ウクライナで子供が亡くなったというニュースを耳にしない日はありません。

憲法前文にはこう書かれています。「日本国民は、正当に選挙された国会における代表者を通じて行動し、われらとわれらの子孫のために、諸国民との協和による成果と、わが国全土にわたって自由のもたらす恵沢を確保し、政府の行為によって再び戦争の惨禍が起ることのないようにすることを決意し、ここに主権が国民に存することを宣言し、この憲法を確定する。」、「われらは、全世界の国民が、ひとしく恐怖と欠乏から免かれ、平和のうちに生存する権利を有することを確認する。」

いままさに憲法の平和主義の意義が問われています。それを貫くためには私達一人一人の不断の努力が必要です。あらためて、沖縄の人々と連帯し、日本国憲法の平和主義、民主主義と基本的人権を守り抜く新しいたたかいに踏み出していきたいと思います。

最後に全国各地で同種の訴訟で連帯して戦った原告・サポーター・弁護団の皆様、意見書作成に協力して下さった白藤博行教授・稲葉一将教授、アキノ隊員こと宮城秋乃様、沖縄タイムス阿部岳記者、現地から声援の声を頂いた東村高江の皆様、そして、これまで様々なかたちで共に活動し、支援してくださった皆様に心からお礼申し上げます。

吉田光利

2024年6月20日

■弁護団名簿

〒460-0002　名古屋市中区丸の内3-5-35　弁護士ビル1102
大脇雅子法律事務所　弁護士　大脇雅子
電話052-951-7380　Fax052-951-7426

〒460-0002　名古屋市中区丸の内1-4-29　愛協ビル3階
恵沢法律事務所　弁護士　内河惠一
電話052-221-1150　Fax052-221-8635

〒460-0011　名古屋市中区大須4-13-46　ｳｨｽﾄﾘｱﾋﾞﾙ5階
名古屋共同法律事務所　弁護士　中谷雄二
電話052-262-7061　Fax052-262-7062

〒463-0057　名古屋市守山区中新10-8　シャンボール小幡2階
守山律事務所　弁護士　岩月浩二
電話052-792-8133　Fax052-792-8233

〒462-0819　名古屋市北区平安2-1-10　第5水光ビル3階
弁護士法人名古屋北法律事務所　弁護士　長谷川一裕／篠原宏二
電話052-910-7721　Fax052-910-7727

〒460-0024　名古屋市中区正木4-8-13　金山フクマルビル3階
弁護士法人名古屋南部法律事務所　弁護士　田巻紘子／弁護士　森　悠
電話052-682-3211　Fax052-681-5471

〒460-0002　名古屋市中区丸の内1-9-7　バンケービル4階C室
小島智史法律事務所　弁護士　小島智史
電話052-684-5351　Fax052-684-5352
〒507-0023　岐阜県多治見市小田町6-48
冨田法律事務所　弁護士　冨田篤史
電話0572-24-1398　Fax 0572-24-1323

〒468-0011　名古屋市天白区平針2-808　ガーデンハイツ平針1階
弁護士法人名古屋南部法律事務所 平針事務所　弁護士　高森裕司
電話052-804-1251　Fax052-804-1265

〒460-0002　名古屋市中区丸の内1-9-8　丸の内KTビル7階
水野幹男法律事務所　弁護士　水野幹男
電話052-221-5343　Fax052-221-5345

〒460-0002　名古屋市中区丸の内2-18-22　三博ビル5階
名古屋第一法律事務所　弁護士　福井悦子／野田葉子／中川匡亮
電話052-211-2236　Fax052-211-2237

〒463-0015　名古屋市中村区椿町15-19　学校法人秋田学園名駅ビル2階
弁護士法人名古屋E&J法律事務所　弁護士　小島寛司
電話052-459-1750　Fax052-459-1751

〒463-0014　名古屋市中村区則武1-10-6　側島ノリタケビル2階
弁護士法人名古屋法律事務所　弁護士　樽井直樹
電話052-451-7746　Fax052-451-7749

〒468-0004　名古屋市緑区乗鞍2丁目601-13　ヴェルデ徳重1階
緑オリーブ法律事務所　弁護士　亀井千恵子
電話052-838-8795　Fax052-838-8796

〒501-0222　岐阜県瑞穂市別府1185-1　エスポワール瑞穂201
みずほのまち法律事務所　弁護士　仲松大樹
電話058-372-8886　Fax 058-372-8887

〒486-0844　春日井市鳥居松町5丁目78　名北セントラルビル6階
弁護士法人春日井法律事務所　弁護士　宮田陸奥男／吉田光利
電話0568-85-4877　Fax0568-85-4878

**■沖縄高江への愛知県警機動隊派遣違法訴訟の会　事務局**

| | |
|---|---|
| 原告団長 | 具志堅邦子 |
| 事務局長 | 山本みはぎ |
| 事務局次長 | 近田美保子 |
| | 神戸郁夫 |
| | 保田　泉 |
| 事務局 | 秋山富美夫 |
| | 中村あけみ |
| | 長谷川芳子 |
| | 堀内美法 |
| | 北村ひとみ |
| 会計 | 松本八重子 |
| 会計監査 | 保田　泉 |

**沖縄と本土を結んで**
機動隊高江派遣違法愛知訴訟の記録

2024年7月22日　第1刷発行　　（定価はカバーに表示してあります）

編　者　　沖縄高江への愛知県警機動隊
　　　　　派遣違法訴訟の会

発行者　　山口　　章

発行所　名古屋市中区大須1-16-29
振替 00880-5-5616 電話 052-218-7808
http://www.fubaisha.com/
風媒社

＊印刷・製本／モリモト印刷　　乱丁本・落丁本はお取り替えいたします。

ISBN978-4-8331-1160-7